Apuntes de Diseño de moldes y modelos de fundición I.

©Alejandro Plaza Tovar

©www.lulu.com

ISBN: 978-1-326-06278-1

Reservados todos los derechos. Esta publicación no puede ser reproducida, ni registrada, sin el permiso previo por escrito de los titulares del copyright.

Agradecimientos

A mi familia, por confiar en mí.

A mi mujer Laura y mi hijo David, porque el libro lo he sacado de tiempo que les he quitado a ellos

Quisiera agradecer sinceramente todas las fuentes consultadas y referenciadas en el libro, los lectores de éste encontrarán ampliación de los temas tratados en ellas, por lo que se recomienda su lectura.

Peticiones

También quisiera pedir a las personas que lean este libro que si les ha resultado de utilidad -y estén por ello agradecidos -y hayan encontrado alguna fuente, recurso, vídeos, catálogos, etc. lo compartan también egoístamente empezando por mí aplazatovar@hotmail.com. También pueden realizar sus aportaciones a mi blog www.recorrereuropa.blogspot.com

PRÓLOGO

Este es un libro técnico común o corriente como lo son la mayoría: el autor- en este caso, quien escribe- *"bebe"* de múltiples fuentes y las adapta a la singularidad de donde lo quiere expresar (a quién va dirigido) y resalta lo mejor de cada una -por lo que si se quiere ampliar los conocimientos de este escrito conviene leer las fuentes referenciadas-. Es, en definitiva, unos apuntes de materia *"pasados a limpio"* que pretende ser una ayuda didáctica para mis estudiantes (y para cualquier persona que desee introducirse en el tema) ante las dificultades que les supone construir unos apuntes propios.

Responde asimismo a una necesidad de contar con un recurso en un módulo formativo con el que apenas cuento con recursos propios de la disciplina y una forma de contrarrestar los efectos que tienen unas encuestas de calidad asociadas entre otras cosas a: 1) los resultados académicos obtenidos, 2)lo amena que le resulte la materia 3) tener buen "rollo" con los estudiantes, etc.

El contenido de este libro se refiere únicamente a la primera mitad de la asignatura, no por carácter estratégico (vender más al distribuirlo en dos volúmenes), sino por mi incapacidad de poder escribirlo todo de golpe (no dispongo de tiempo y se demanda con ansiedad que la materia cuente con algún recurso didáctico). Así pues, en una segunda parte que espero publicar, afrontaré los siguientes puntos:

tipos de colada

the vertical gating system

física para colada

la colada2

solidificación

acabado de piezas.

casting defects

diseño de piezas para el casting

otros procesos

fuentes útiles y ejemplos prácticos

Quisiera una vez más agradecer a las fuentes consultadas y siempre referenciadas ya que a partir de ellas es cómo tengo el conocimiento actual resumido en el libro y espero que éste sea a partir de ahora otra fuente más donde apoyarse para todos. Además tengo que agradecer al profesor Jesús Ortiz de la Escuela Técnica Superior de *Ingenieros* Industriales de Madrid y a las empresas Metamsa (Metalúrgica madrileña S.A.) y a fundición Vulcano por atenderme siempre con gusto y desinterés mis dudas ante una aproximación que quería hacer de aproximarme a la práctica desde mis lecturas teóricas.

Madrid, octubre de 2014

PLACA MODELO   P1

INTRODUCCIÓN   P3

FUSION   P8

    Hornos de reverbero _p8

    Hornos de crisol _p10

    Cupolas _p12

    Inducción _16

        Sin nucleo _p18

        De canal _p20

    Hornos de arco _p23

    Cucharas y buzas_p26

4.-PREPARACIÓN DE LAS ARENAS DE MOLDEO p 30

4.1. Propiedades de la arena de moldear

    4.1.2. tipos de arenas.

    4.1.3. granulometría

        4.1.3.1. ensayo de tamizado

    4.1.4 permeabilidad

    4.1.5. refractariedad

    4.1.6. dilatación

    4.1.7. acabado superficial

    4.1.8. materiales impalpables o arcilla AFS

    4.1.9. valor de la demanda ácida

    4.1.10. resistencia mecánica

        4.1.10.1. tracción

        4.1.10.2.compresión/deformabilidad

        4.1.10.3.cizalladura

        4.1.10.4.shatter test

    4.1.10.5. flexión

  4.1.11. humedad

4.2. aglomerantes arcillosos

  4.2.1. bentonitas

  4.2.2. arcillascaoliníticas

4.3. aditivos carbonosos

4.4. agua.

4.5. tipos de arenas de moldeo

  4.5.1. zirconita.

  4.5.2. cromita

  4.5.3. olivina.

5 REGERENACIÓN DE LAS ARENAS DE MOLDEO _p64

5.1. tipos: termal, wet, dry

5.2. proceso: rotura de los terrones, tamizado, mezclador, aireador

5.3. ampliación:

  5.3.1. penumatic scrubbing

  5.3.2. mechanical scrubbing

   - horizontal

   -vertical

  5.3.4. thermal reclamation:

   -rotary drum

   -fluidez bed.

6 MÁQUINAS DE MOLDEO_p80

6.0. métodos para compactar la arena.

6.1. máquinas de moldeo por presión.

  6.1.1. apisionado con realce superior

  6.1.2. apisionado con realce inferior.

6.1.3. máquinas de moldeo por sacudidas

6.1.4. máquinas de moldeo mixtas.

6.2. slinging

6.3. por aplicación de vacío

7 CORES _p92

7.0 características de los machos y de la arena para machos

7.1. primera clasificación

Coreoils:

Aceites de fraguado en estufa

Autofraguantes

Aglutinantes termoplásticos

Aglutinantes termoendurecibles

7.2. otra clasificación

Drysandmolds

Procesos de fabricación en caja fría

7.3. hot box

7.4. warm box

7.5. core oil

7.6. procesosautofraguantes: no bake

Catalizador líquido

7.6.1. furans/fenolic/acid no bake

7.6.1.1 furan acid no bake

7.6.1.2 fenolic acid no bake

7.6.2. Alkyd no-bake systems: (oil uretane no bake resins)

7.6.3. Ester cured alkaline phenolic no bake

7.6.4. PhenolicUretane no bake

7.6.5. Arenas al silicato-ester

Catalizador gas

    7.6.6. ProcesoGasharz/Isocure (PhenolicUretane Cold Box)

    7.6.7. SO_2 process (Furan / SO_2)

    7.6.8. ProcesoResan o Betaset (Phenolic ester cold box- FECB)

    7.6.9. Sodium silicate/CO_2

7.7. Anexo i: termoestables

    Anexo ii: mixed quemically bonded sand

    Anexo iii: tarlike

    Anexo iv: resúmenes

8. MÁQUINAS DE CORES _p120

9 LA COLADA _P121

9.1 requisitos

9.2 runnerextension

9.3. relleno rápido del molde y turbulencias

9.4. pouringbasin

9.5. filtros

9.6 bebedero

9.7. runners

    Relación de distribución para colada (gating ratio)

9.8 mazarotas (risers)

    Cálculo de las dimensiones de la mazarota por el método NRL (Naval ResearchLaboratory)

    Cálculo de las dimensiones de la mazarota por el inscribedcirclemethod

    Cálculo de las dimensiones de la mazarota a partir de la regla de Chvorinov (tiempo de llenado)

    Hot topping

    Cálculo de las dimensiones de la mazarota por el método de Caine

9.9. padding

PLACA MODELO

Vamos a empezar comentando un poco acerca de los modelos y de sus placas modelos, ya que son la base para la fabricación de las cavidades en donde se vierte el metal fundido y se construye la pieza.

En primer lugar podemos distinguir entre modelo sólido y modelo dividido. El **modelo sólido** se hace de una sola pieza pero esto resulta un problema para retirarlo del molde de arena, determinar el plano de separación, etc.

Una pieza que no sea muy simple requiere pues **un modelo dividido**, constando de dos mitades separadas por el plano de separación del molde.

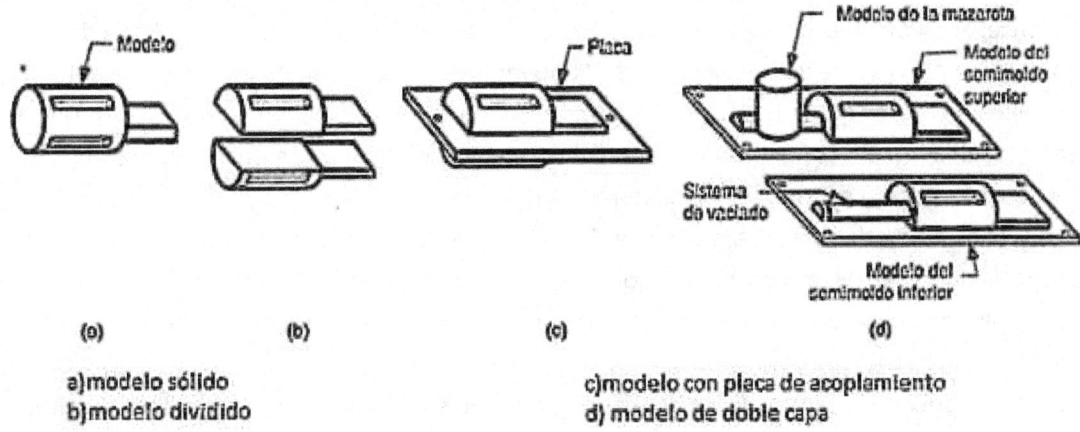

a) modelo sólido
b) modelo dividido
c) modelo con placa de acoplamiento
d) modelo de doble capa

Fundamentos de Manufactura Moderna. Mikell P. Groover. Prentice Hall, fig.13.3 pág. 263

Para altos volúmenes de producción, podemos utilizar los **modelos con placa de acoplamiento**, en las cuales las partes de cada mitad del molde se adhieren a una placa, en donde a su vez se sitúan el resto de elementos necesarios para la producción del molde (sistema de alimentación, etc.)

La parte de arriba- siendo casi igual a la de abajo-, lleva consigo el bebedero, canal de colada, distribuidores, etc. Estas partes adicionales nombradas, cuando el moldeo es a máquina, están fijas al semimodelo. Cuando el moldeo es manual, casi siempre van sueltas y es el moldeador quien las colocará.

La necesidad de dividir el modelo en varias partes es más acusada para modelos permanentes que desechables.

(En **modelo permanente** lo he de fabricar en dos mitades para retirar el modelo del molde y poder seguir utilizándolo en sucesivas veces.)

Modelos perdidos (que no haya que fabricar en dos mitades: a la cera perdida, polietileno, etc.)

- For hand molding, sand slinging, manual jolt or squeeze molding, wood or plastic pattern materials can be used.
- For high-pressure, high-density molding methods, metal and plastic patterns will be required.

Veamos las características de los tipos de modelos más importantes:

- *Modelos de madera:* poco costosos, sólo aptos para prototipos o producciones limitadas. Pueden ser convertidos a plástico si se incrementan los requerimientos de producción. Al estar en contacto con la arena de moldeo, su superficie se ve afectada por la abrasión de ésta, que en primer lugar va desgastando la pintura que lo protege, que si no se vuelve a pintar, será la madera la que sufra el desgaste, llegándose incluso a inutilizar el modelo por pérdida de las medidas originales. Se debe tomar precauciones especiales con la humedad, que es uno de los enemigos de la madera, produciendo hinchazones y deformaciones que imposibilitan su uso.

Si existieran determinadas *áreas de fragilidad*, tales como nervios (refuerzos) o salientes que sirven como refuerzos de cara a situación de posibles taladros (bosses), se podrían hacer con aluminio para incrementar su vida útil.

Any fragile areas of a wood pattern such as ribs or bosses can be made of aluminium to increase their life (obviamente, los modelos de metal duran más veces-batch ++- que los de Madera)

batch[1] (bætʃ)

n.

1. a quantity or number coming at one time or taken together; group; lot: a batch of prisoners.

- *Modelos de metal*: los más costosos, pero se requieren para un alto volumen de producción. Materiales: aluminio, hierro, bronce, etc. Para el proceso de Shell (moldeo en concha) son necesarios. La mayoría de estos modelos son de aluminio, ya que por su ligereza es el que mejor permite su manejo. Tiene un costo elevado.
  Cuando se emplean modelos metálicos hechos en acero, cobre, etc. es debido a que son empleados a temperaturas altas como es el caso del moldeo en cáscara.
- *Modelos de cera*: utilizados en modelos a la cera perdida. Dicha acera es revestida con una mezcla cerámica para formar la concha, la cual después se retira por calor.
- *Modelos de espuma*: utilizados para el moldeo a la cera perdida y también en los procesos de binder (ver tema de *cores*)
- *Modelos de resina*: Son un poco más caros que los de madera, aunque su mantenimiento es menos costoso, pues aguantan mejor la abrasión y no presentan problemas con el medio ambiente.

Steel castings handbook 6th edition. ASM Pág.12-5 fig. 12-4

ver vídeos metal casting at home p7,8,15,32 y 35

c)

INTRODUCCIÓN

Para comenzar vamos a explicar un poco de forma somera **cómo se realiza un molde** de forma muy simplista:

Se determinan los huecos de las cavidades y se colocan los corazones para rellenar los huecos que deseo en la pieza acabada (si quiero formar un tubo hueco, la parte hueca la formo mediante un corazón cilíndrico, que extraigo tras la fundición, y de esta forma se me queda el hueco en la pieza final). Las dos mitades del molde se cierran, sujetan y a veces se colocan pesos encima para contrarrestar la presión metalostática del metal fundido que rellena el hueco del molde.

> *Comentar sobre el sistema de alimentación y las condiciones que ha de cumplir (mínima turbulencia, escape de aire, solidificación direccional)*
> *Comentar sobre el sistema de mazarotado (ver tema correspondiente)*

Tras la solidificación, se sacude la pieza y mediante vibración, chorro de arena, etc. se eliminan las capas de arena y óxido adheridas a la fundición. También se mejora el acabado mediante granallado y se retiran las partes que hemos utilizado para la fundición pero que no pertenecen a la pieza (mazarotas, sistemas de alimentación, etc.)

En principio, casi todos los metales de uso comercial pueden ser fundidos. El acabado superficial no es muy bueno en comparación con otros procesos, pero se pueden fundir piezas complicadas, y grandes. También resulta barato para pequeñas series.

Es muy importante aplicar un tratamiento térmico tras la fundición, además de mejorar su acabado, o incluso proceder al enderezado de la pieza.

Las imperfecciones pueden ser paliadas mediante soldadura o incluso rellenando con un epoxy de metal. Hay que utilizar técnicas de inspección en el acabado de la pieza, como ultrasonidos o líquidos penetrantes.

No debemos de utilizar aleaciones de magnesio o titanio con os moldes de arena verde (silica sand), puesto que son muy reactivos con ella.

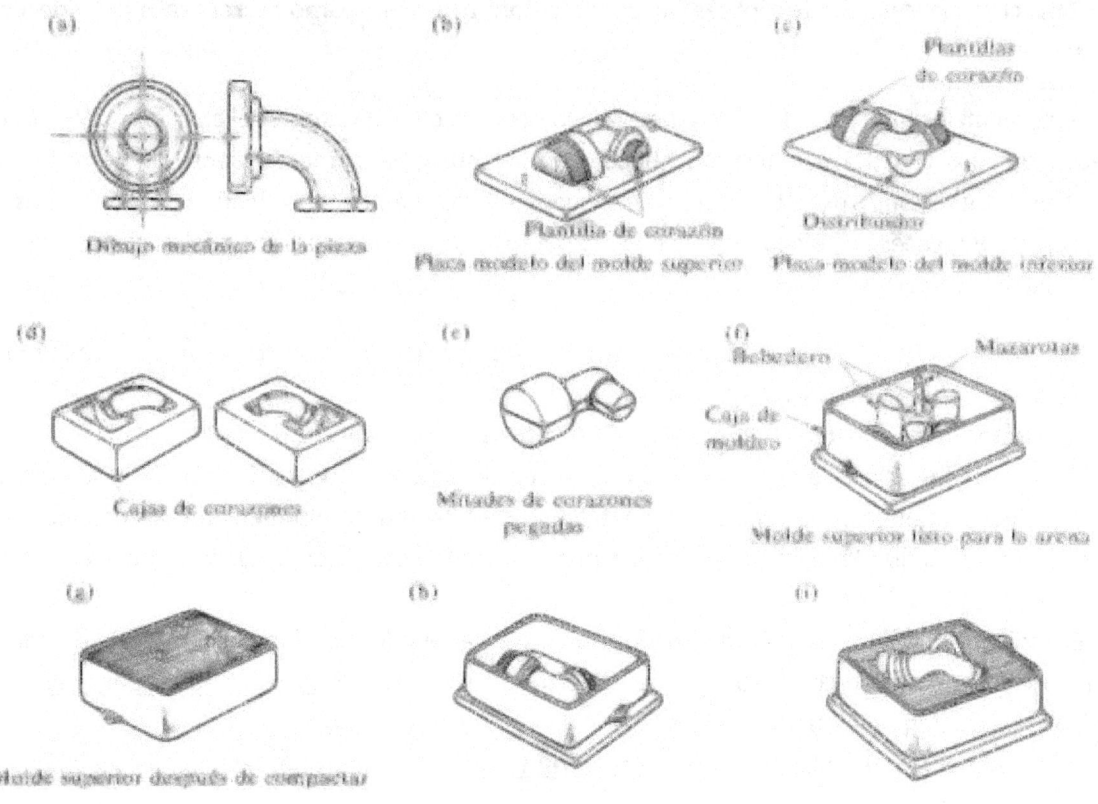

a) Introducir consideraciones como la contracción de la parte y ángulos de salida.
b) Y c) placas equipadas con bujes de alineación
c) Y e) las mitades de corazón se pegan f) colocar injertos para la mazarota y bebedero
   m) el bebedero y los canales de alimentación son cortados y reciclados, y la fundición se limpia, inspecciona y se trata térmicamente. (Generalmente)

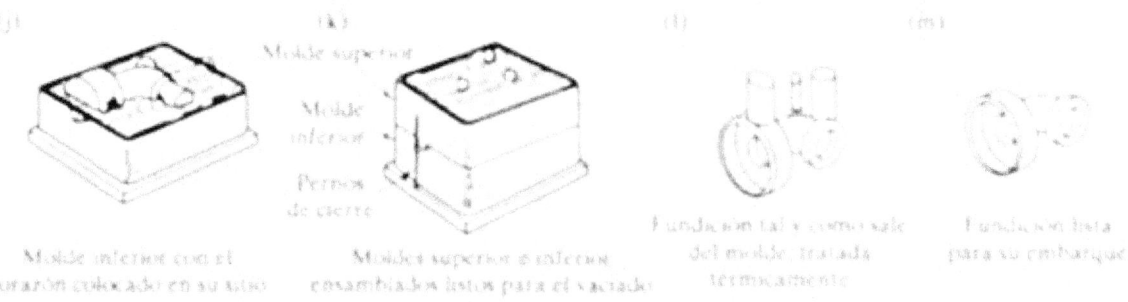

Manufactura Ingeniería y tecnología cuarta edición Kalpakjian/Schmid p. 271

Comentar figura 1 y 2

Se dan unos pinchazos para que los gases puedan salir en el momento de la colada al exterior y no se forme ninguna contrapresión que impida un buen llenado del molde.

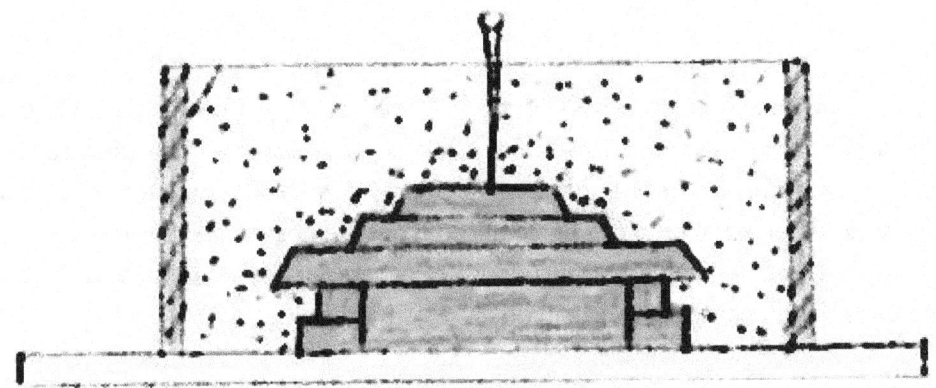

Fundición de aceros moldeados Vicente Aldasoro Yarza, Martín Ibarra Murillo. Universidad Pública de Navarra, pág. 396 fig 222.

(justo cerrada la caja con el hueco de los modelos dispuesta al vertido de metal fundido)
Se colocan sobre la caja unos pesos para contrarrestar la presión metalostática que tiende a separar ambos semimoldes.

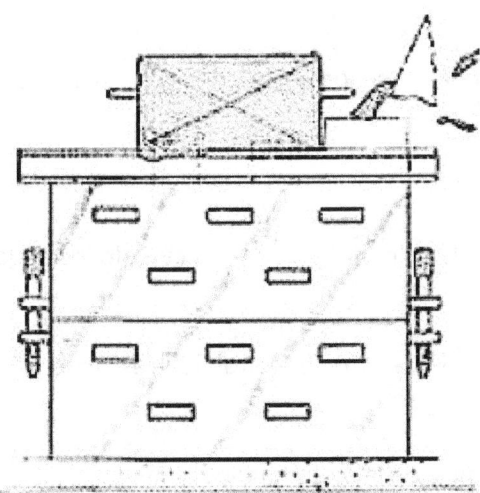

Fundición de aceros moldeados Vicente Aldasoro Yarza, Martín Ibarra Murillo. Universidad Pública de Navarra, pág. 399 fig 232.

Ayudados por los salientes de las mitades del molde, se unen por medio de grampas metálicas que cierran el molde uniendo las dos mitades, impiden que la presión metalostática del metal fundido separe las cajas, también impiden que haya fuga del caldo (por lo anterior) y también alinean las dos mitades del molde.

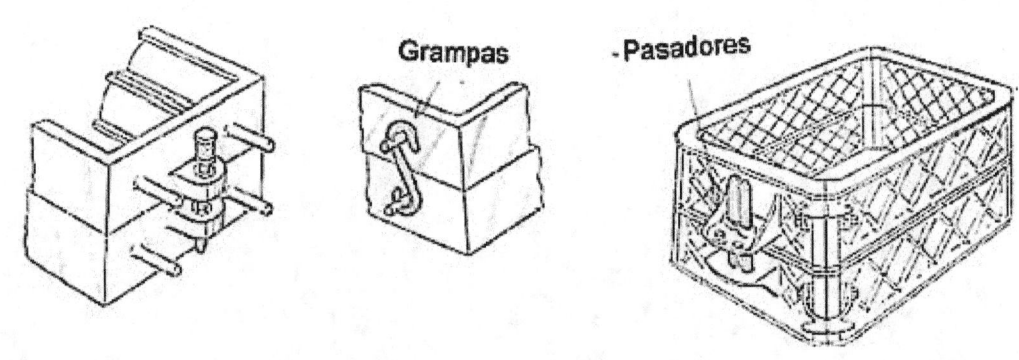

Fundición de aceros moldeados Vicente Aldasoro Yarza, Martín Ibarra Murillo. Universidad Pública de Navarra, pág. 400 fig 234.

A pesar de que vamos a tratar casi con exclusividad el proceso de arena en verde, veamos por encima los procesos "en seco":

Skin dried sand mold

Ese procedimiento consiste en calentar la superficie de partición o de separación de las dos mitades a una temperatura en la cual el agua presente en el molde es retraída hacia atrás, lo cual deja una capa de arena seca en la superficie del molde. Después se colocan mediante cepillado o spray unos recubrimientos refractarios en la superficie que estará en contacto con el metal fundido. De esta forma obtenemos en la superficie del molde una alta resistencia a la temperatura del acero fundido y me mejora la separación de la arena y el molde tras el fundido. Este procedimiento es preferido para la producción de piezas muy grandes.

El agua en la superficie (o próxima a ella) del molde se "retira" mediante llama, aire caliente o elementos de calentar por infrarrojos.

Dried sand molding

Similar al anterior, pero el molde es situado en un horno y se seca el molde completo. Después se aplica una capa refractaria a la superficie de la cavidad (a veces un aglomerante en base de petróleo es usado, lo cual resulta en una resistencia muy alta del molde tras el horneado). Este tipo de moldes tienen una alta vida y pueden ser guardados por un largo periodo antes del vertido de colada.

Usado para piezas muy grandes pero la capacidad del molde dependerá del horno usado para el secado. Debido al largo ciclo de secado, la productividad es limitada.

Tanto el skin dried mold como el dry sand molding:

    1.- pueden eliminar algunos defectos en la superficie de castings grandes de hierro cuando los moldes son de arena verde.

    2.- produce una fuerte y resistente superficie en la cavidad, mejorando las tolerancias dimensionales y superficiales (más lisas) de las superficies de la pieza fundida.

    3.- mejora la separación de la arena de moldeo de la superficie de la pieza fundida.

    4.- incrementa el tiempo necesario para la fabricación del molde.

    5.- añade coste a la producción del molde.

6.- normalmente usada con aleaciones de hierro.

Esquema que sigue el proceso de fundición:

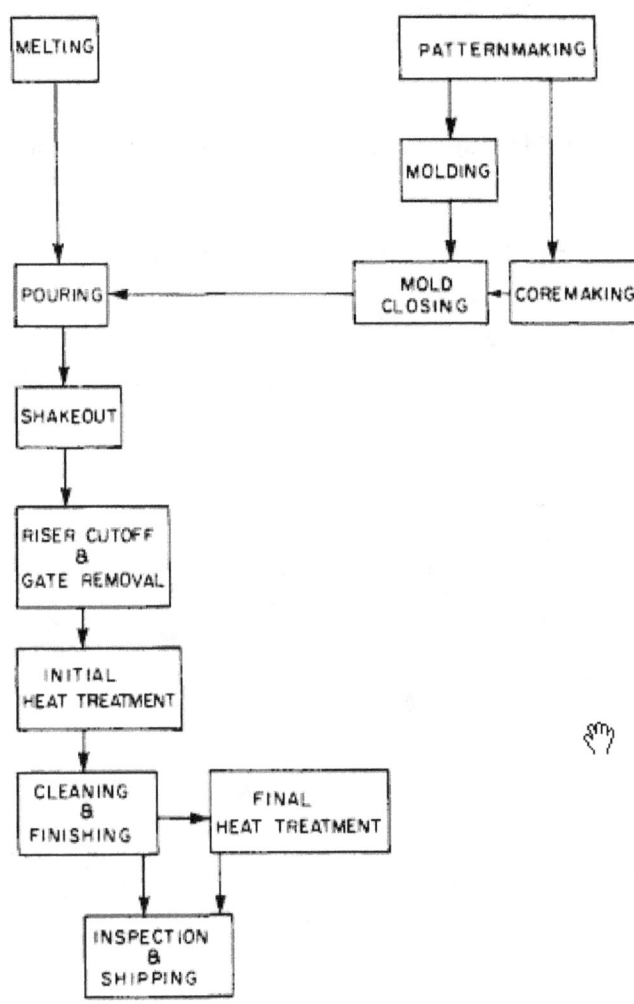

Steel castings handbook 6th edition. ASM Pág. 1-2

Ver videos foundry casting tubalcain 1,2 and metalcasting at home part1 and part 2

FUSIÓN

Los métodos más comunes para el fundido del metal son el arco eléctrico y el horno de inducción. Muchos materiales son volcados en cucharas de fundición pero algunos más especiales requieren refino posterior mediante métodos como el *argo-oxigendecarburationvessel (AOD) o una estación de refino.*

1.- hornos de reverbero (reverbatory)

Este tipo de hornos únicamente los vamos a ver como referencia didáctica, ya que están muy en desuso si no se han quedado desfasados.

Son de poca altura y gran longitud. En uno de los extremos se encuentra el hogar donde se quema el combustible y en el extremo opuesto la chimenea. Las llamas y productos de combustión atraviesan el horno, y son dirigidos, por la bóveda de forma adecuada (de ahí el nombre del horno, hace un efecto eco de las llamas), hacia la solera del horno, donde está situada la carga del metal a fundir. Esta carga se calienta tanto por contacto de las llamas y gases calientes como también por radiación de la bóveda del horno

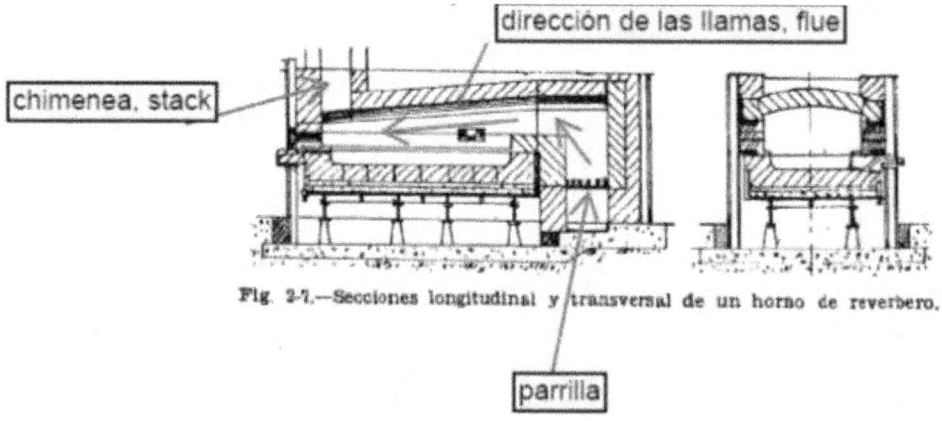

Fig. 2-7.—Secciones longitudinal y transversal de un horno de reverbero.

tecnología mecánica y metrotecnia vol 1 de Jose María Lasheras

editorial donostiarraParte I conformación por moldeo Fig.2.7 pág. 39

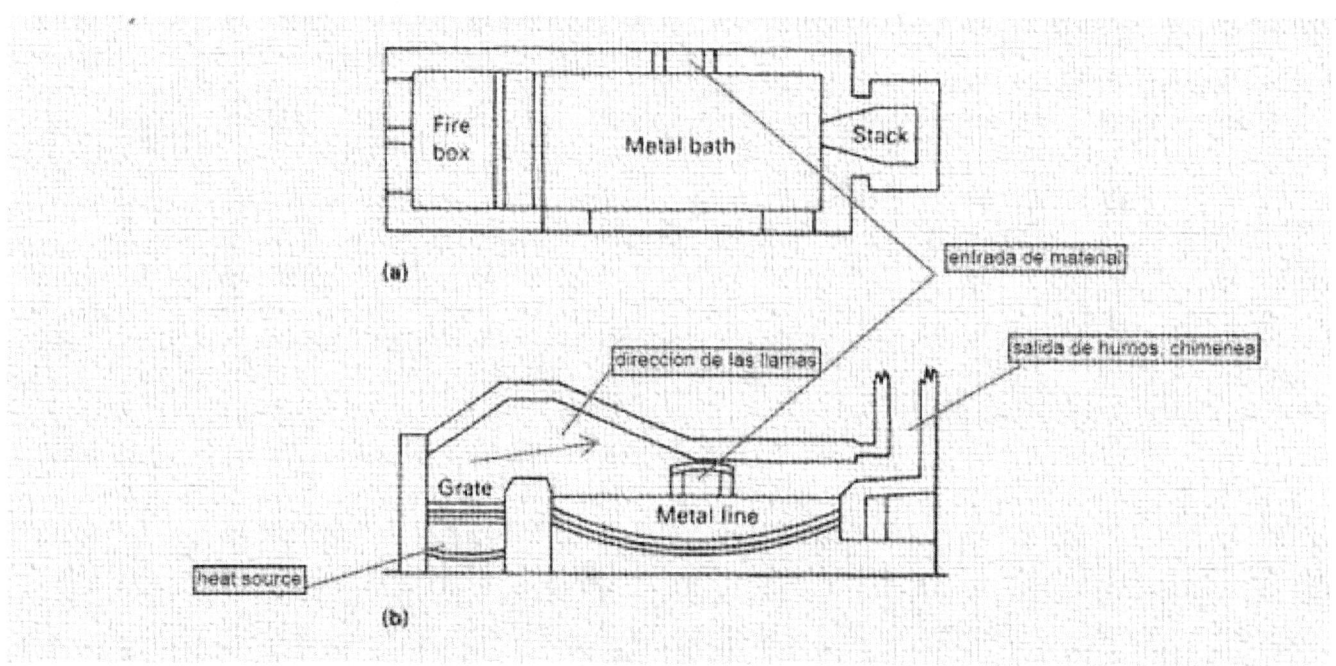

AsmMetalshandbookvol 15.Casting p.817 fig.1.

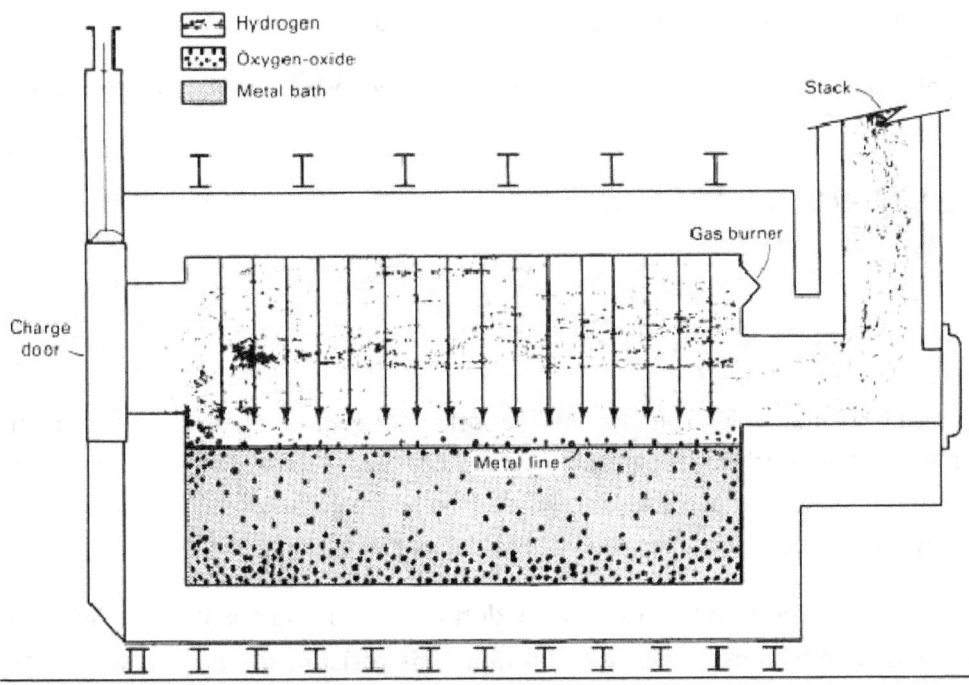

Fig. 2 Schematic of a wet hearth reverberatory furnace heated by conventional fossil fuel showing the position of the hydrogen and oxygen gases relative to the molten metal bath. Arrows indicate heat radiated from top of furnace chamber.

AsmMetalshandbookvol 15.Casting p.818 fig.2.

Hay dos configuraciones de hornos de reverbero:

Wethearthfurnace, en donde los productos de combustión están en contacto directo con el baño de metal fundido que se va creando (transferencia de calor, como hemos visto, tanto por convección como por radiación)

Dryhearthfurnace, la carga de metal es posiciona en un crisol inclinado y a medida que se va fundiendo, va cayendo sobre la zona de metal ya fundido.

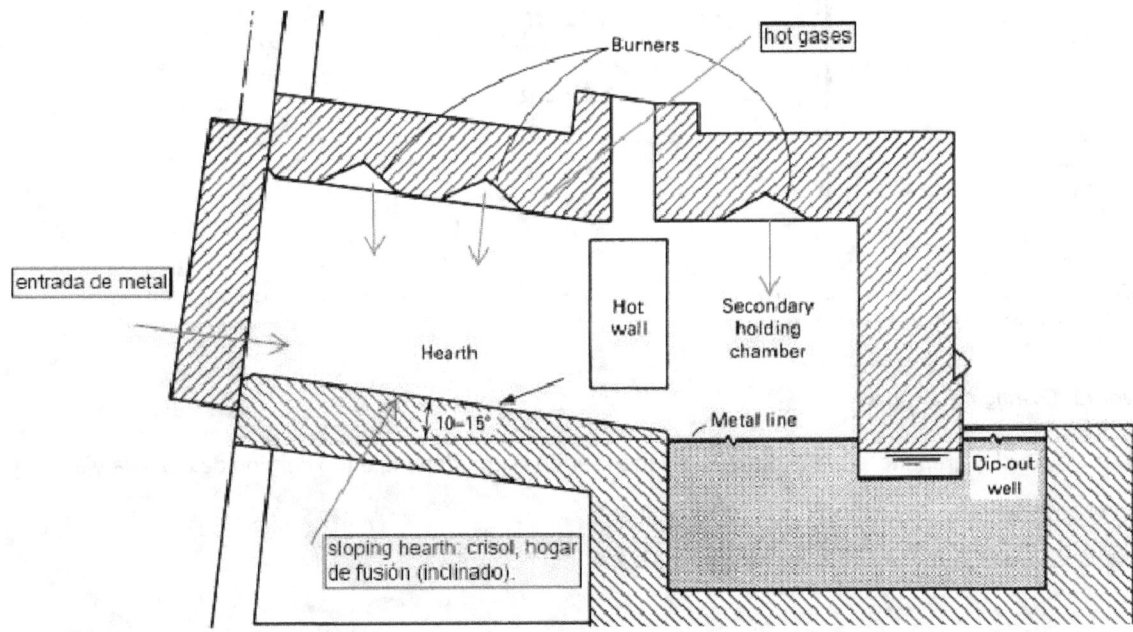

AsmMetalshandbookvol 15. Casting p.818 fig.3

La configuración de quemadores de llamas es variada en este tipo de hornos.

Preguntasparacuriosos: lining lateral de magnesite refractory shapes y *furnace linings last 200 to 400 heats. The roof life is from 100 to 175 heats.*

2.- hornos de crisol (cruciblefurnaces)

- fijos (*stationary*)

-basculantes (*tilty*)

El crisol es sin duda el *recipiente* más antiguo empleado en la fusión de los metales. Los primitivos eran de arcilla, pero los actuales son de este material mezclado con grafito y otras sustancias. También se usan los crisoles metálicos (de fundición o de acero) para fundir los metales y aleaciones de bajo punto de fusión (aluminio, magnesio, cinc, plomo, estaño, antifricciones, etc.) sobre todo en las máquinas de moldeo por inyección.

fijos: es una cavidad recubierta por material refractario, donde se coloca el crisol y se calienta por la combustión de un combustible o energía eléctrica, por medio de resistencias. Suelen ser de sección circular y la llama del mechero penetra en forma tangencial y describe una espiral que rodea al crisol situado en el centro del horno. Una vez alcanzada la teperatura para fundir, se extrae el crisol o se vierte en cucharas.

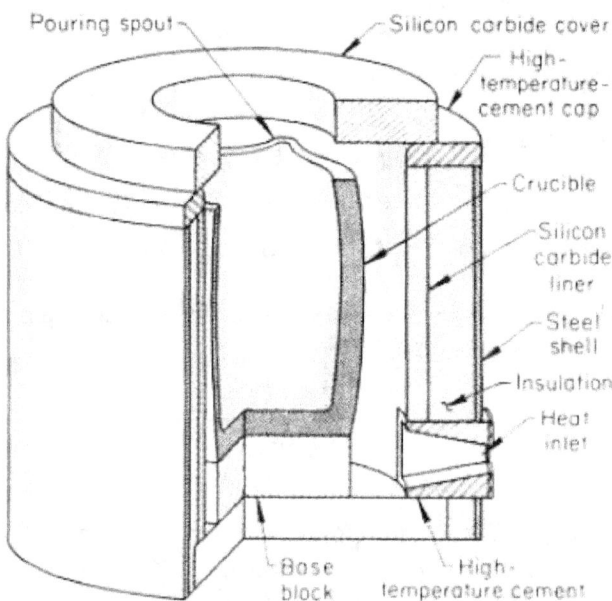

Fig. 11 Typical lift-out version of a stationary crucible furnace specifically adapted to the foundry melting of small quantities (<140 kg, or 300 lb) of copper alloys.

AsmMetalshandbookvol 15. Casting p.829 fig.11

Nota: material para el crucible-> clay graphite, aunque también pueden ser de acero, dependiendo del tipo de crucible y el material a fundir

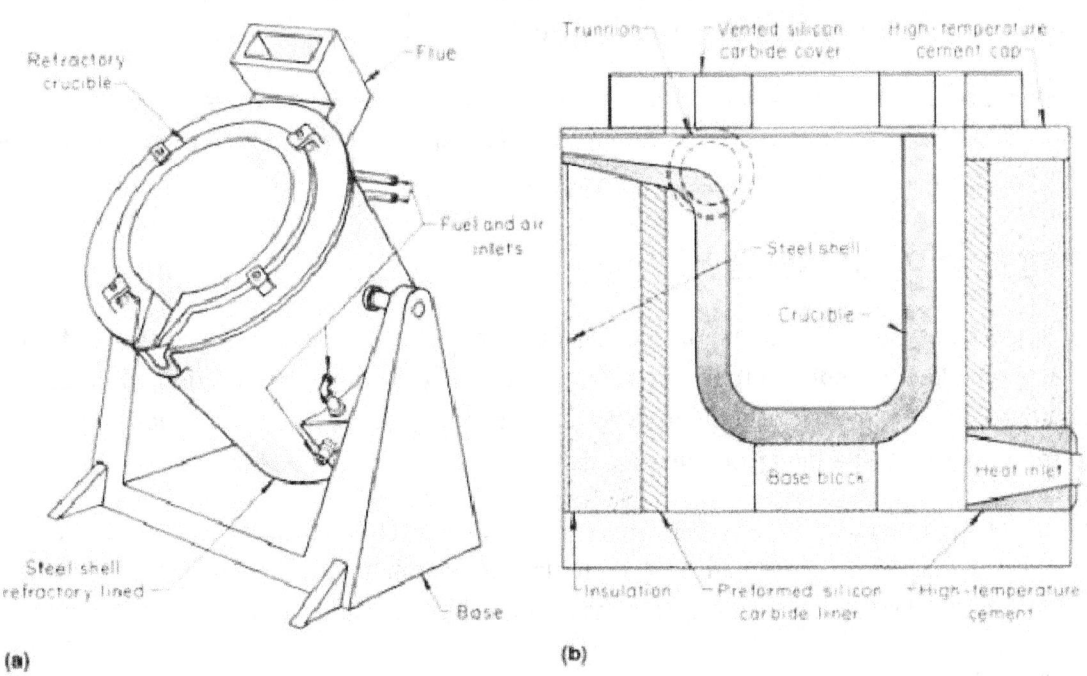

Fig. 15 Two variations of a tilting crucible furnace. (a) Center axis. (b) Lip axis

AsmMetalshandbookvol 15. Casting p.831 fig.15

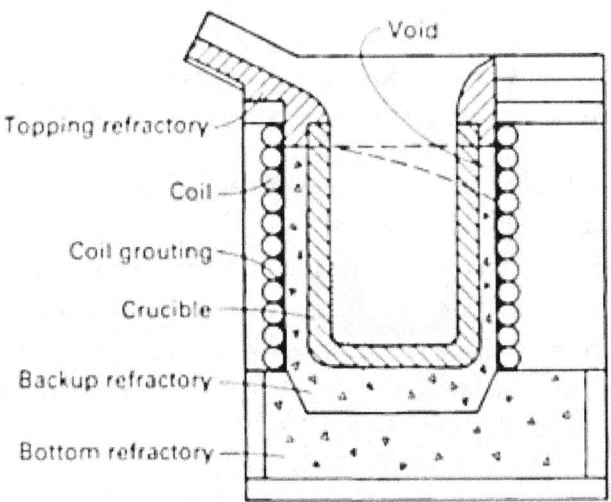

AsmMetalshandbookvol 15.Casting p.832 fig.16

El uso de recubrimientos cerámicos entre el crisol y la bobina reduce el problema que tendríamos debido a las altas corrientes que se producen allí. Sin embargo, hemos de cuidar que no se nos forme un fundido gradual de metal en el talón ni tampoco huecos en el refractario (recubrimiento cerámico) debidos a repetidas inclinaciones del horno (para vaciado).

En este caso hemos reforzado con material refractario entre la bobina y el crisol, para que no sufra tanto. La inclinación para descargar el metal fundido daña esta capa de refractario y origina vacíos (void) que disminuyen la vida del crisol. También sufren vibraciones y sacudidas debido a sus continuas aperturas y cierres, de ahí que la confección de las bóvedas [de los hornos de inducción] ha de ser llevada con mucho cuidado.

Como es lógico por estos factores descritos, las bóvedas móviles tienen una vida menor que las bóvedas fijas, pero esta desventaja se ve compensada con creces por la facilidad de carga del horno.

Uno de los factores a tener en cuenta a la hora de decidirse por un refractario u otro en la fabricación de la bóveda, además del precio del ladrillo, es el tipo de fusión que se realiza, si es básica se busca un ladrillo básico, ya que las salpicaduras de escoria dañaría a la bóveda siesta fuera del tipo ácido.

3.- Fusión en cubilote *(cupolas)*

El *alto horno (cupola)* es básicamente un horno cilíndrico que quema carbón recogido en forma de *coque*, intensificando el quemado por medio de toberas de aire. Las cargas de metal para la fusión, junto con el coque para quemarlas son echadas desde arriba, mientras que en su recorrido descendente se produce la combustión y en la parte de abajo se retira el metal fundido resultante mediante *tapping*.

Este tipo de horno ya apenas se usa, excepto para las operaciones de gran tonelaje, ya que ha sido desplazado por los hornos de inducción, los cuales no presentan las desventajas medioambientales de polución de estos y controlan de una forma precisa el metal de salida, mientras que en las cúpolas se genera mucha escoria.

Los componentes serían:

Shell: es el componente de acero en donde tiene lugar la operación de fundido.

Como hemos indicado, el cubilote consiste básicamente en una cuba cilíndrica de acero, revestida interiormente por un material refractario, dentro del cual se vierte la carga metálica y el agente fusor o combustible, generalmente coque metalúrgico, el cual, una vez encendido, eleva la temperatura interior por encima del punto de fusión de la carga, obteniéndose el caldo de metal fundido.

Ver documento (ante preguntas) de incompatibilidades (en /apuntes/fusión) que explica las incompatibilidades entre los tipos de recubrimiento según su basicidad /acidez con el tipo de escoria según su basicidad/acidez

Retirada del azufre: para eliminar este elemento perjudicial del metal fundido se emplean cargas de alto contenido de óxido de calcio y alta basicidad. La escoria en este caso, debe ser reductora, es decir, libre de óxidos de hierro. Es lo contrario de cuando quiero eliminar el fósforo, que requeriré una condición oxidante. ¿cómo consigo una escoria reductora? Añadiendo silicatos, carbono, aluminio, u otros reductores para eliminar los óxidos metálicos presente. Entonces el azufre se combina con la escoria formando parte de ella, y la escoria se retirará por encima de la retirada de metal fundido, ya que presenta menor densidad. Si tengo presente sulfuro y fósforo, tendría que quitar primero el uno y después el otro, no importa en qué orden lo haga.

$$CaO + S = CaS + O \qquad (Eq\ 9)$$

Como hemos dicho, el azufre se retira mediante la añadidura de calcio, ya sea en forma de silicato de calcio, óxido de calcio o carburo de calcio, presentándose la siguiente reacción.

$$CaO + S = CaS + O$$

De esta forma se produce una reacción reductora y que genera escoria conteniendo el azufre+ calcio. La escoria por tanto es un elemento no metálico que recoge P o S, y que presenta menor densidad que el metal fundido generado, por lo que se retira por encima.

Caja de viento y toberas

La tobera es un elemento en el cual se produce un estrechamiento, lo cual me disminuye la presión pero me aumenta significativamente la velocidad de entrada del aire, que generará un impulso a la combustión. Una de las toberas actúa como elemento de seguridad y permite la salida de hierro en el caso de que éste alcance un nivel peligrosamente elevado.

El aire es previamente precalentado antes de la introducción en las toberas y se ponen en contacto con el incandescente coque, formándose grandes cantidades de monóxido de carbono. La reacción es exotérmica, es decir, se libera calor.

Carga del alto horno: cargas alternativas de capas de coke, iron ore and limestone (calciumcarbonate, $CaCO_3$). Se produce por la parte superior, de forma que no interfiere en la marcha fusora del cubilote, ya que esta tiene lugar más abajo.

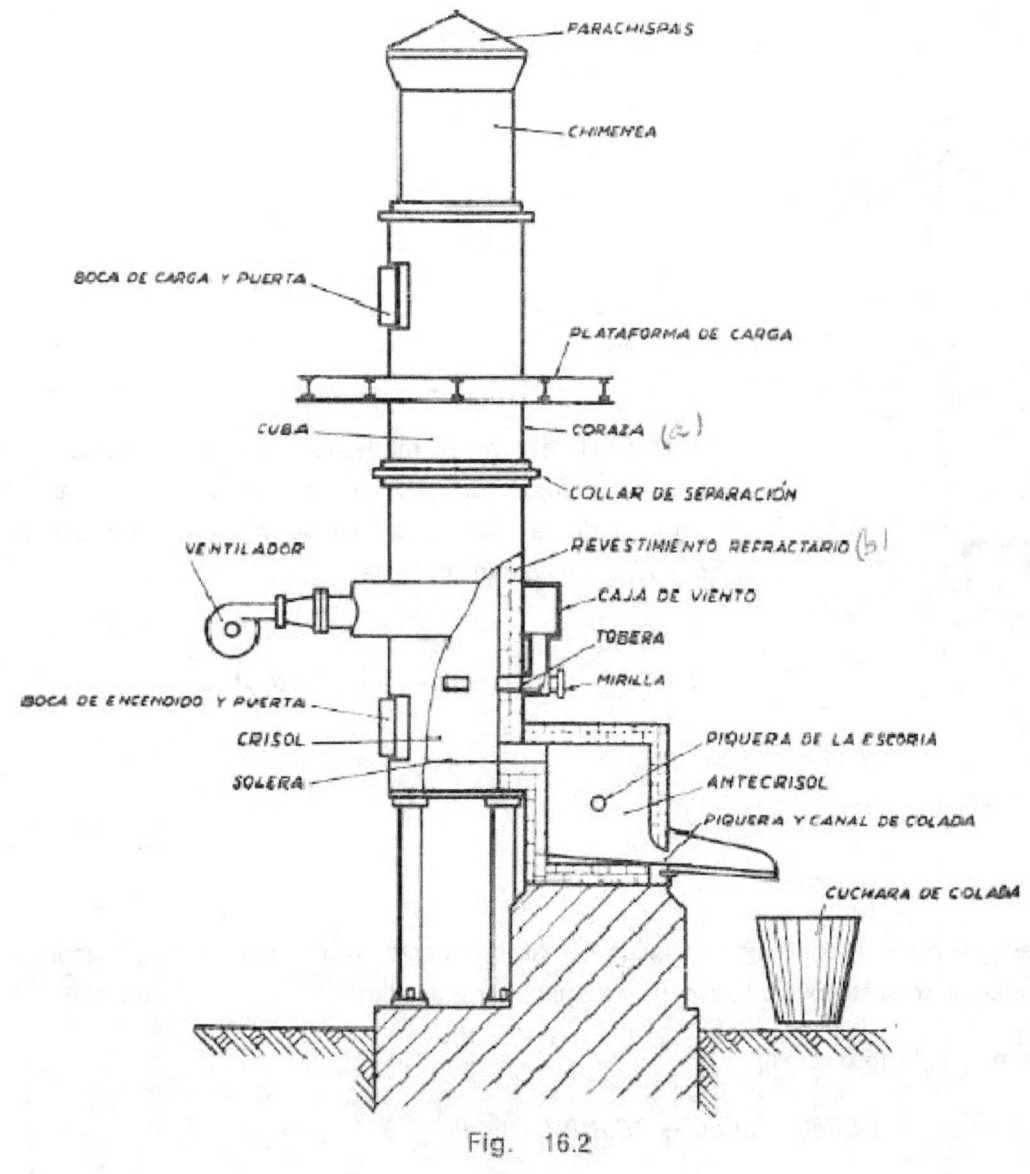

Fig. 16.2

Tecnología mecánica y metrotécnia. Pedro Roca y Juan Rosique. Ed. Pirámide Pág. 194 fig.16.2

La cuba cilíndrica que forma el cuerpo del cubilote y los demás elementos que durante su funcionamiento se encuentran en contacto con el metal líquido o el coque incandescente, no son capaces de soportar las elevadas temperaturas que éste genera. Por este motivo, es necesario recubrirlo:

- Los cubilotes clásicos utilizan exclusivamente el revestimiento interior.

Fundentes: su misión es formar una escoria fluida y fusile con las cenizas del coque, las impurezas, los óxidos que se forman durante la marcha, la arena y el revestimiento interior del horno; a su vez debe actuar como desulfurante. Se emplea con este fin carbonato cálcico, carbonato cálcico magnésico (dolomita) y a veces espato y Agapito.

AsmMetalshandbookvol 15.Casting p.837 fig.1

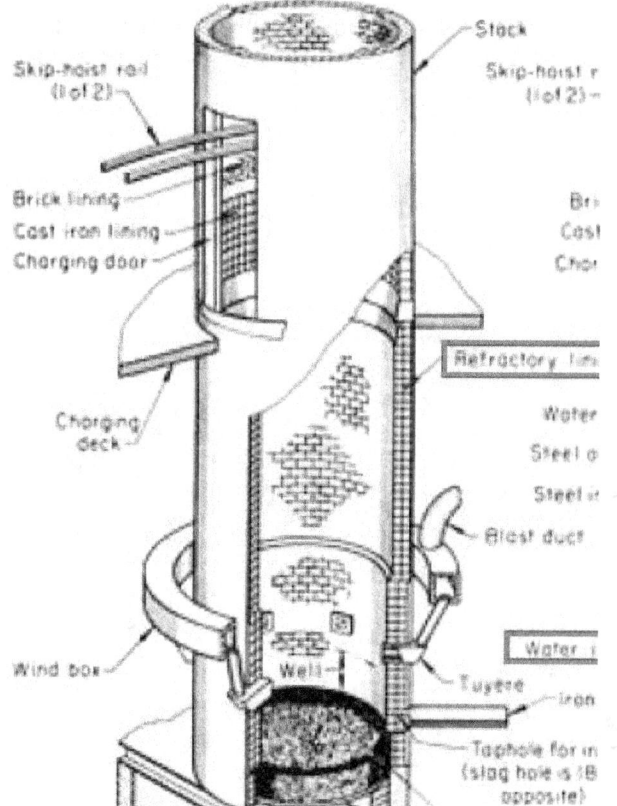

Conventional cupola

-los cubilotes más modernos utilizan, además del revestimiento, la correspondiente refrigeración por agua. El exterior de la cuba cilíndrica se refrigera intensamente mediante una cortina de agua.

Nota: material para refractario->*fireclaybrick*

Eliminación del fósforo

De nuevo necesitamos una escoria con alto contenido de óxido de calcio, en este caso con grandes cantidades de óxidos de hierro. El fósforo reacciona con esta oxidante escoria y formará parte de ella.

La reacción que deseo obtener para el fósforo es:

$$2P + 5FeO + 3CaO \rightarrow 3CaOP_2O_5 + 5Fe$$

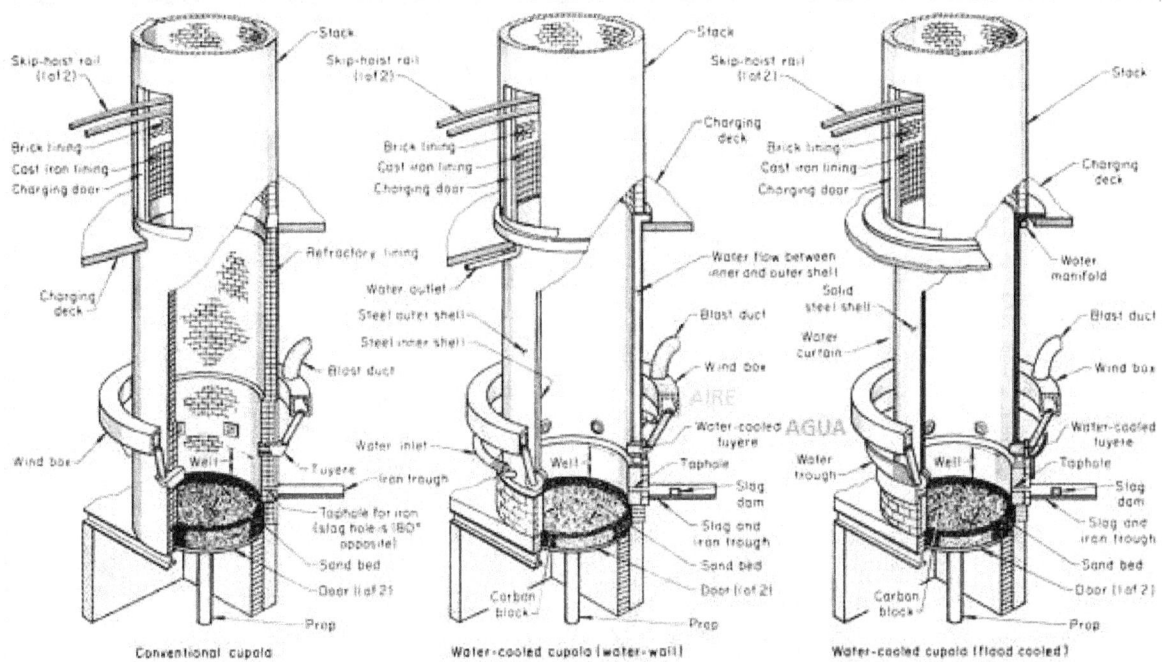

AsmMetalshandbookvol 15.Casting p.837 fig.1

(las toberas de aire también van refrigeradas) http://wribmfg.com/water-cooled-tuyeres/

Ello trae ventajas como:
- Mayores tiempos de fusión sin cambio de refractario.
- Menor peligro de perforación de la cuba cilíndrica.
- Menores espesores del refractario.

El cuerpo cilíndrico lleva en su base una placa cilíndrica abatible para la posible descarga y limpieza del interior del cubilote (cupola).

Zonas del cubilote :

Zona de combustión(fundición de los óxidos de hierro *oores* junto con la formación de escoria): tiene lugar en la parte baja del alto horno

En esta zona tiene lugar la combustión del coque con ayuda del oxígeno que entra a través de las toberas.

$$C + O_2 = CO_2$$

Reacción *exotérmica* (desprende calor- es la combustión-)

Si la cantidad de aire es insuficiente tiene lugar la reacción:

C+$^1/_2$ $O_2 \rightarrow CO + calor$ (1) ; aunque menos cantidad de calor que en la reacción anterior

Es decir, el CO se forma tanto por (1) como por (2)[ver adelante]

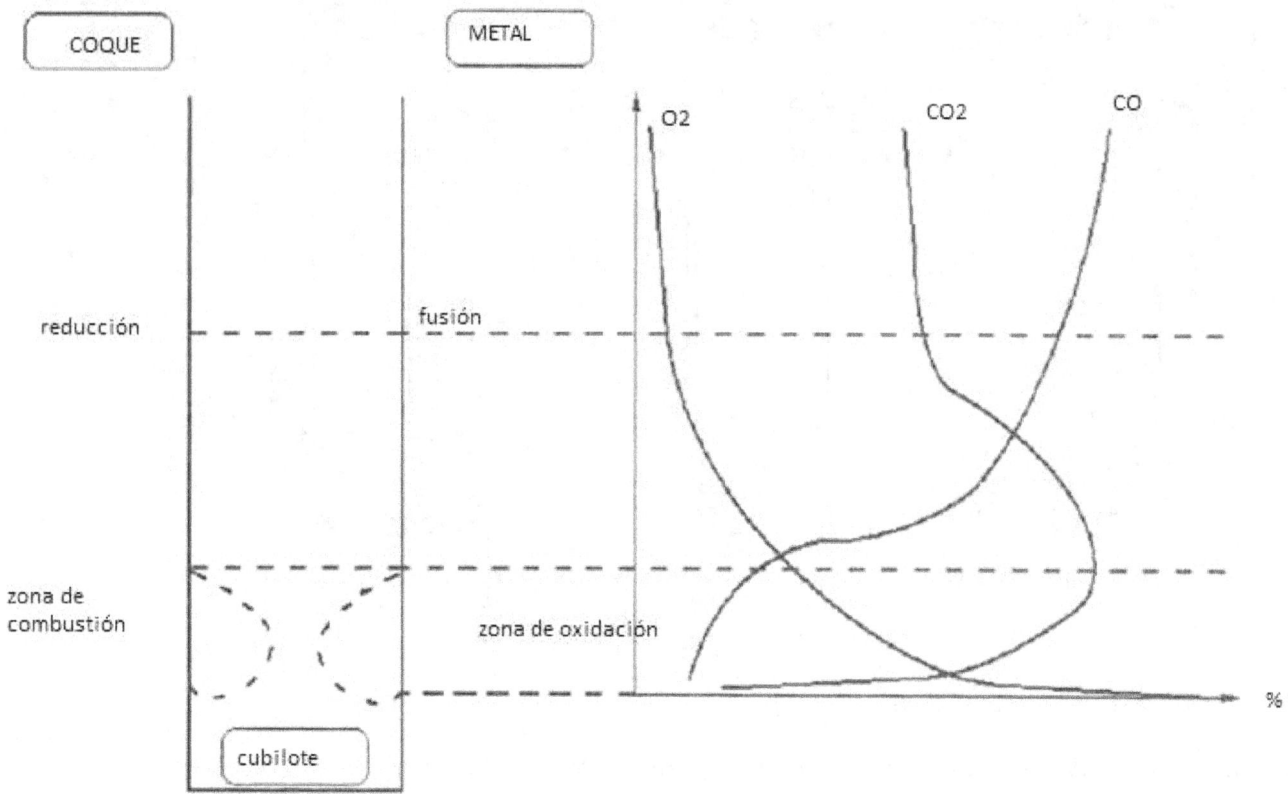

Zona de reducción: tiene lugar en la parte superior del alto horno

(2) debida a la subida del exceso de coque y el dióxido de carbono ocurrido en la zona de oxidación.

$$CO_2 + C = 2CO$$

Esta reacción es *endotérmica* (absorbe calor)

Reducción: implica la disminución de su estado de oxidación. Este proceso es contrario al de oxidación

Nota: la reacción de creación de dióxido de carbono -oxidación- tiene lugar más abajo que la de reducción en monóxido de carbono. Si tengo mucho monóxido de carbono es que me predomina la reducción, tengo menos combustión, pero a una mayor temperatura y con menor oxidación del Si, y mejor recogida del producto. Al contrario, si tengo más predominante el dióxido de carbono frente al monóxido, me ocurrirá lo contrario

Hay una reacción, que se forma por la reacción del oxígeno de las toberas con el coque, que nos produce monóxido de carbono, que causa una especie de burbujeo o como una especie de hervido, debida a la subida de este gas a través del horno.

4.- hornos de inducción

Estos son los más usados pro lo siguiente:

- No hay límite de temperatura a alcanzar, salvo la que aguante el refractario, por lo que sirven para cualquier material. No genera polución, son de productividad alta y te produce exactamente lo que quieras conseguir, sin la generación de escoria, de una forma muy sencilla, según la intensidad dada al potenciómetro. Tienen gran flexibilidad, ya que son muy fáciles de descargar y cargar con un nuevo material.
- El único inconveniente es el coste de la instalación y la capacidad de carga.

Principio de calentamiento por inducción

Básicamente, cuando una corriente alterna es aplicada a una bobina de inducción, me produce un campo magnético (perpendicular a la corriente que lo crea y cuya intensidad va disminuyendo al alejarse del conductor : esto hace que las zonas próximas a la bobina tengan una mayor efectividad que las centrales) a través del material que está en el interior de la bobina, fundiéndola mediante el calor transmitido. En el caso concreto de que el conductor sea en forma de bobina, el campo magnético creado queda confinado en el interior de la misma. Hay que comentar que el campo magnético crea una corriente inducida, que a su vez crea otro campo magnético. Ambos campos magnéticos están en oposición y crean una serie de fuerzas que causan agitación, lo cual me ayuda en el fundido y me acelera y me lo homogeniza.

Construcción

Se compone de una parte inferior llamada *suela* y de una parte superior, que son las paredes de la cuba. La suela descansa sobre una chapa de acero que es donde termina el horno en su parte inferior formando un casquete esférico.

Sobre esta chapa se colocan dos o más pisos de ladrillos refractarios de material silico-aluminoso y sobre ellos ladrillos de magnesita.

Conservación y reparación de horno

La duración del horno depende de los factores de temperatura de trabajo, realización de un buen curado, habilidad de manejo del personal y número de coladas de alto punto de fusión.

Al cabo de un número de coladas que suele oscilar entre 50 y 100, según el tipo de horno, el tipo de acero fabricado, y el cuidado que se ha tenido, suelen aparecer los primeros signos de deterioro.

Otras partes de la cuba

La cuba tiene dos orificios, uno de ellos en la parte delantera, que corresponde al lugar por donde sale el acero líquido. Éste orificio recibe el nombre de **piquera**.

El otro orificio situado en el lado opuesto, es donde va alojada la puerta de carga de los fundentes que se añaden al horno durante el proceso y ferroaleaciones y es también el lugar por donde cuando es necesario se inyecta el oxígeno al caldo, además de extraer escoria y las muestras de acero para su examen.

La puerta de carga consta de una caja rectangular soldada al horno y protegida con refractario que tiene una puerta que se acciona hacia arriba o hacia abajo por medio de contrapesos que la hace de fácil manejo.

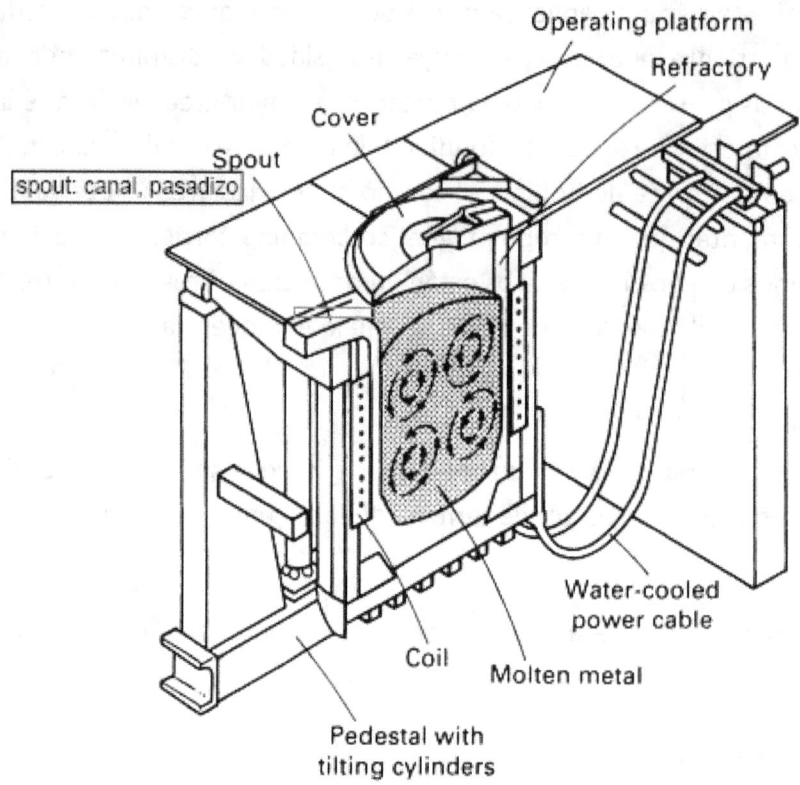

j. 3 A cross-sectional view of a coreless-type induction furnace illustrating four-quadrant stirring action, ich aids in producing homogeneous melt

AsmMetalshandbookvol 15. Casting p.805 fig.3

4.1. Sin núcleo (*coreless*)

Elementos que lo componen:

<u>Carcasa metálica de acero</u>

<u>Bobina inductora</u>

Funciones:

-generar el campo magnético

-soportar el producto refractario, al que sirve de apoyo.

-refrigerar el refractario.

Las bobinas son huecas para permitir el paso de agua de refrigeración debido a las altas temperaturas a las que está sometido.

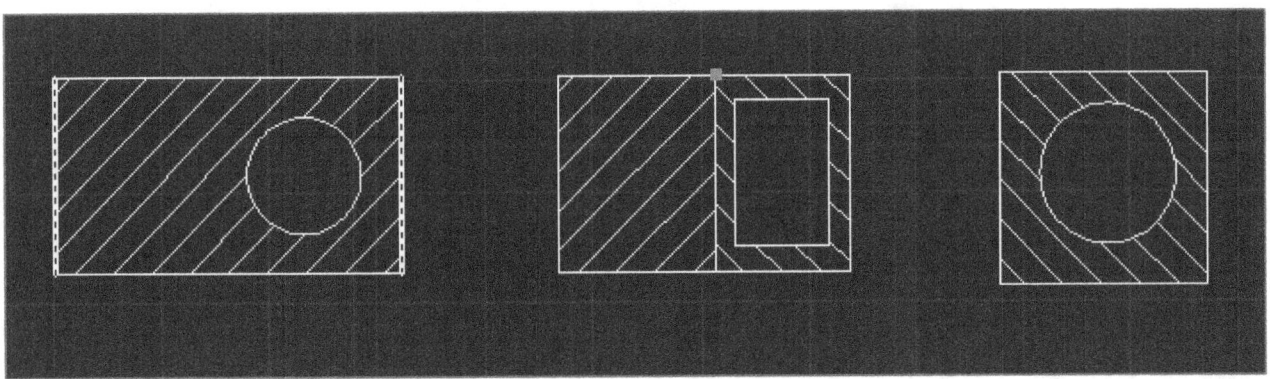

Además, como la corriente inducida se confina en el interior del crisol, se diseña de tal forma que la forma más gruesa está hacia el interior de la bobina, de este modo vemos la siguiente distribución de la corriente:

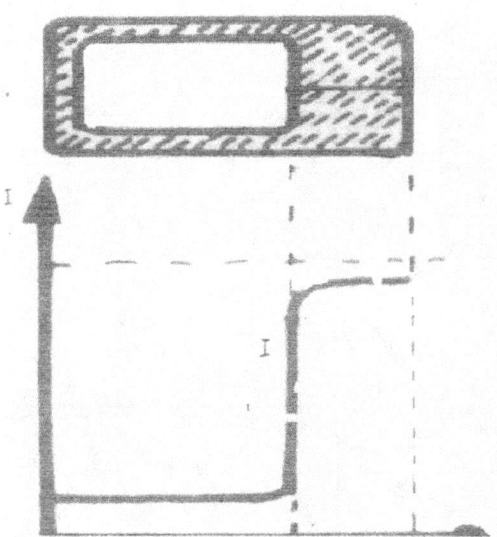

Fundición de aceros moldeados. Vicente AldasoroYarza/Martín Ibarra Murillo. Universidad pública de Navarra. Pág. 255

<u>Bobinas de refrigeración:</u> función únicamente refrigerante, no circula corriente.

<u>Núcleos magnéticos:</u> para evitar fugas magnéticas, de forma que se encierra el campo magnético creado.

<u>Crisol:</u> se llama generalmente *refractario*. Es donde se produce la fusión y donde se deposita el metal.

Tapa

La **bobina** está rodeada de culatas de chapa de acero al silicio, como las que se utilizan en los transformadores.

El objeto de estas culatas es canalizar el flujo inductivo hacia el interior del crisol.

Su actuación como pantalla contra las pérdidas originadas por las corrientes inducidas nos permiten reducir el diámetro de la carcasa del horno.

El ciclo típico de fusión por inducción es:

1.- cargar el horno

2.-fusionar la carga a la temperatura deseada

3.- determinar la composición

4.- añadir –si es necesario- algún componente para conseguir la composición adecuada en el metal.

5.- ajustar la temperatura

6.- volcar en una cuchara (laddle)

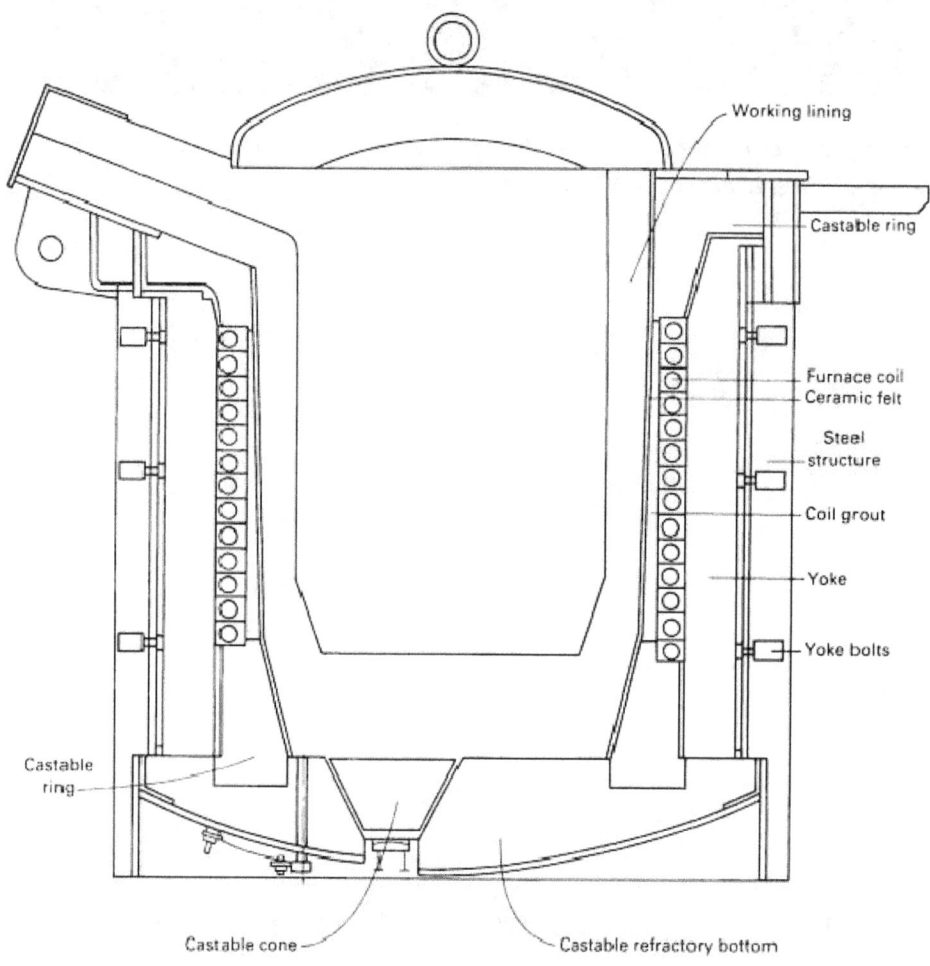

1 A cross section of a coreless-type induction furnace showing water-cooled copper induction coil and key tural components. The entire molten metal bath (which serves as the secondary) is surrounded by the coil orimary) that encircles the working lining.

AsmMetalshandbookvol 15. Casting p.802 fig.1

4.2. hornos de inducción de canal (*channel*)

En este caso se llama así porque tiene un canal a través del cual circula el metal fundido. Tiene un núcleo magnético que actúa como inductor y calienta el metal que circula por el canal.

La diferencia respecto del horno de inducción de crisol es que en éste último tiene una bobina eléctrica que envuelve al metal fundido y el propio metal actúa como núcleo magnético, y sin embargo, en el de canal, tenemos un propio núcleo magnético por una zona en donde circula el metal.

COMPARACIÓN CON UN TRANSFORMADOR	primario	secundario
Horno de inducción	Bobina	Caldo
Horno de canal	Bobina	Metal (concentrado en un pasadizo). Además disponemos de un núcleo magnético.

Los hornos de canal eléctricamente hablando no son sino unos transformadores, donde el primario es una bobina que rodea a un núcleo magnético y el secundario es una espira de metal fundido.

La corriente pasa a través de la bobina que rodea el núcleo magnético y se transmite al canal de metal fundido, que rodea a su vez a la bobina del primario. El núcleo está formado por chapas cero al silicio, similares a las que se emplean en los transformadores, cuya misión es evitar la dispersión de la corriente magnética.

En el canal de metal se produce una corriente inducida que debido a la resistencia del metal, produce un efecto de calentamiento en este que llega fundirlo.

Refractario: se confecciona con un pisé que en el caso de los aceros suele ser de alta alúmina, aunque en aceros en que no tenga importancia suele hacerse también de material silícico con un 3-4% de bórax, aunque este material aguanta menos temperatura que el primero.

Para ello lo primero que se hace es aislar la bobina por medio de láminas de mica u otro aislante que impide el contacto con el refractario.

Es muy importante calentar mucho el caldo que pasa por el canal en la zona del inductor, puesto que la zona donde se genera el calor es pequeña, y de esta forma consigo transmitir al resto del caldo el calor. Esto es perjudicial para la calidad del hierro. De esta manera, lo que se hace es que el metal esté durante muy poco tiempo en dicha zona. El calor se transmite (por convección) al resto del metal (más frío) mezclándose.

Este tipo de horno tiene una función limitada como fusor, de forma que consideramos que únicamente sirve para mantener el caldo caliente

Además, he de comenzar con una cantidad de caldo ya fundido, siempre he de mantener una cantidad de caldo y no puedo parar ni incluso en vacaciones, puesto que el metal se enfriaría y se produciría daño en el refractario.

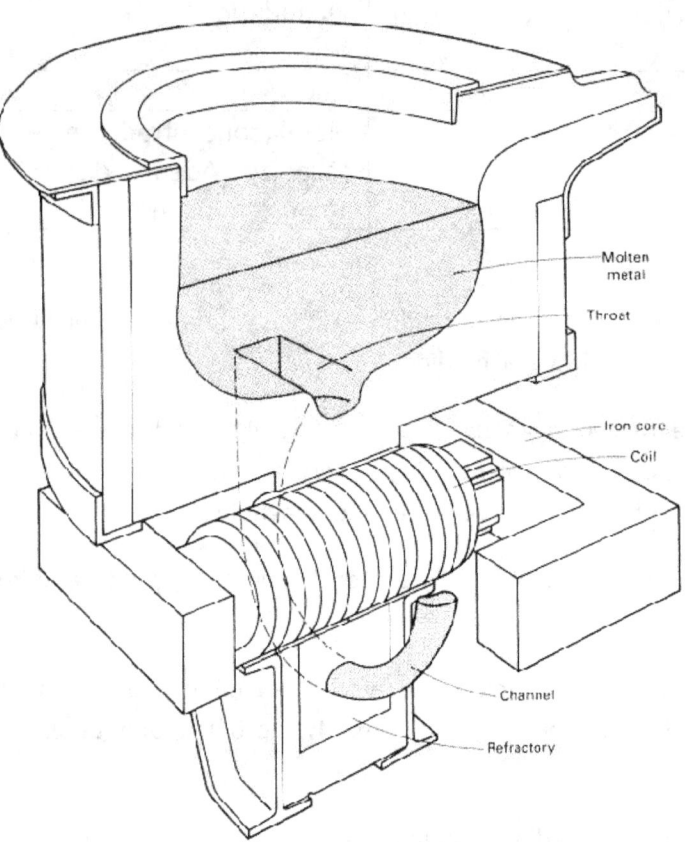

AsmMetalshandbookvol 15. Casting p.803 fig.2

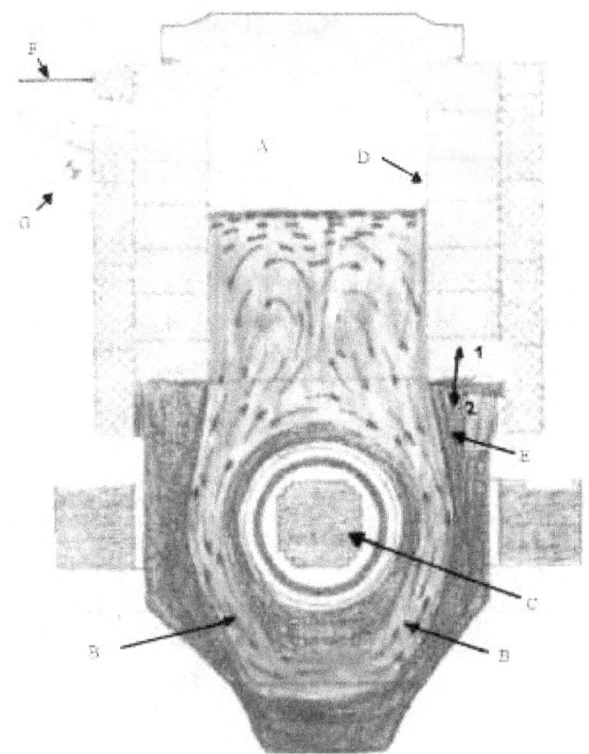

Figura nº 150

Horno de baja frecuencia AJAX. A) Zona de trabajo. B) Anillo donde se funde el metal actuando como secundario de un transformador. C) Núcleo magnético. D) Ladrillos refractarios. E) Pisé refractario. F) Piquera de salida de caldo. G) Eje de giro del horno. 1) Zona superior del horno superpuesta y confeccionada por separado. 2) Zona inferior del horno, es la más delicada de elaboración

Fundición de aceros moldeados Vicente AldasoroYarza, Martín Ibarra Murillo, p. 251, fig. 150

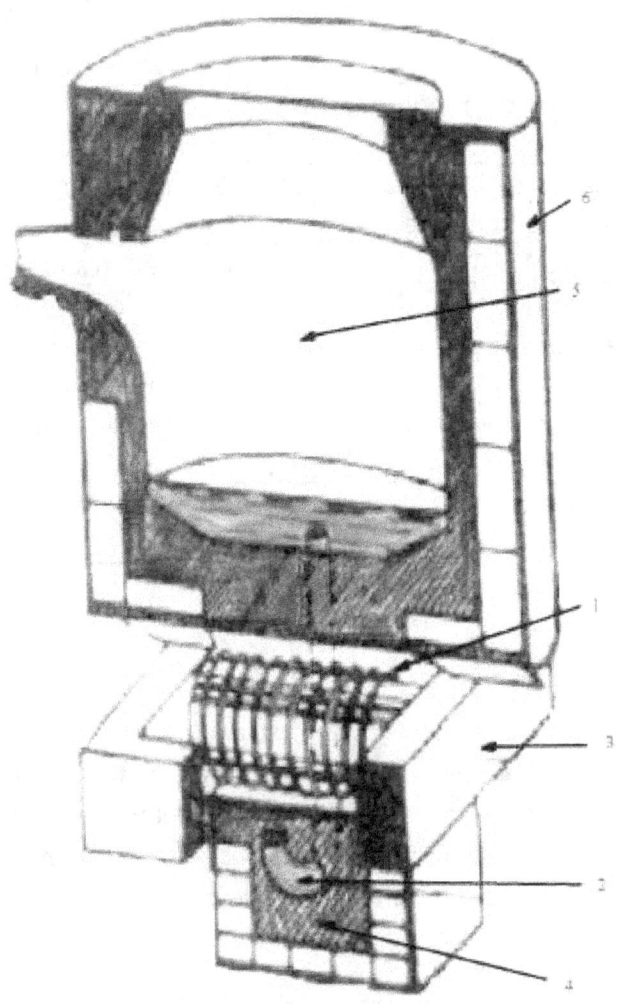

Figura nº 151
1) Bobina primaria. 2) Anillo secundario. 3) Culata magnética. 4) Piedra monolítica refractaria. 5) Cuba. 6) Carcasa

Fundición de aceros moldeados Vicente AldasoroYarza, Martín Ibarra Murillo, p. 252, fig. 151

¿por qué/cuando se utiliza el horno de inducción de canal?

advantage of this type of furnace is that the vessel or upper case can be built in any practical size & shape to suit the application

For the above reasons Channel type Induction furnaces (Fig.) are treated as a receiver or holding vessel for homogenization of liquid metal with limited capability of melting.

Clasificación de los hornos de inducción en función de la frecuencia eléctrica de alimentación

La cantidad de agitación es directamente proporcional a la potencia y es inversamente proporcional al cuadrado de la raíz de la frecuencia. Entonces, a más potencia y menor frecuencia, más intensa la agitación.

La clasificación general molde este tipo de hornos se hace en función de la frecuencia:

- Hornos de baja frecuencia: 50 o 60 Hz. Los más utilizados, intensa agitación, lo que produce mejor homogenización del producto.
- Hornos de media frecuencia: entre 500 y 3000 hz, incluso 10000 H. Agitación menor, la producción se reduce, menores dimensiones

Análisis comparativo de los hornos de crisol (inducción -coreless-) y de canal

	Hornos de crisol	Hornos de canal
arranque	Puede arrancar en frío y fundir una carga sólida	Necesita tener previamente una parte fundida proveniente de otra fuente
parada	Se pueden vaciar en cada colada. Funden continua o intermitentemente.	Siempre tengo que tener un nivel mínimo de caldo
temperatura	Pueden superar los 1700 ºC	No pueden superar los 1550ºC
rendimiento	70%	Puede alcanzar el 90%
refractario	Económico, se puede rehacer en horas	Coste elevado, cantidad a utilizar importante. Vida útil mayor
aplicaciones	Procesos de fusión con carga intermitente	Labores de mantenimiento de metal líquido
Agitación del baño	Agitación importante (mayor homogeneización)	No producen buena agitación

5.-Hornos de arco (*electricarcfurnaces*)

Consiste en una coraza de acero que esté revestida con refractario. Su forma tiene una sección transversal circular cuya parte inferior es un casquete esférico unido a un cilindro. Posee un techo circular móvil, donde van colocados tres electrodos de grafito por donde pasa la corriente eléctrica hacia el metal que se ha depositado en el horno. La fusión del metal se logra por los arcos que se forma entre los electrodos y el metal cargado; ese arco voltaico, junto con la radiación proveniente de las paredes son los causantes de que el metal se funda. El arco se regula mediante controles automáticos que suben y bajan los electrodos, de manera que el voltaje de arco sea constante.

Al fundir el metal se forma escoria, que se mantiene sobre el baño por las siguientes razones:

- Para reducir la oxidación
- Para refinar el metal (*)
- Para proteger el techo y las paredes laterales de la excesiva radiación del calor de arco y del metal.(**)

Una escoria es una solución multicomponente de óxidos que está en contacto directo con el metal líquido y que realza algunas funciones tecnológicas como :

-absorción de impurezas (*)

-permeabilidad de las gases nitrógeno, hidrógeno y oxígeno del aire a la presión atmosférica, ya que los metales y las aleaciones poseen capacidad para disolver gases a las temperaturas de trabajo.

(**) se puede formar una escoria "espumante" (una de las reacciones oxidantes forma monóxido de carbono, que contribuyen a que la escoria "espume", lo cual protege al acero líquido de la reacción con la atmósfera y aumenta la eficiencia eléctrica de los electrodos al sumergirlos, lo cual también tiene como consecuencia que puedo operar a altos voltajes sin dañar las paredes del horno.

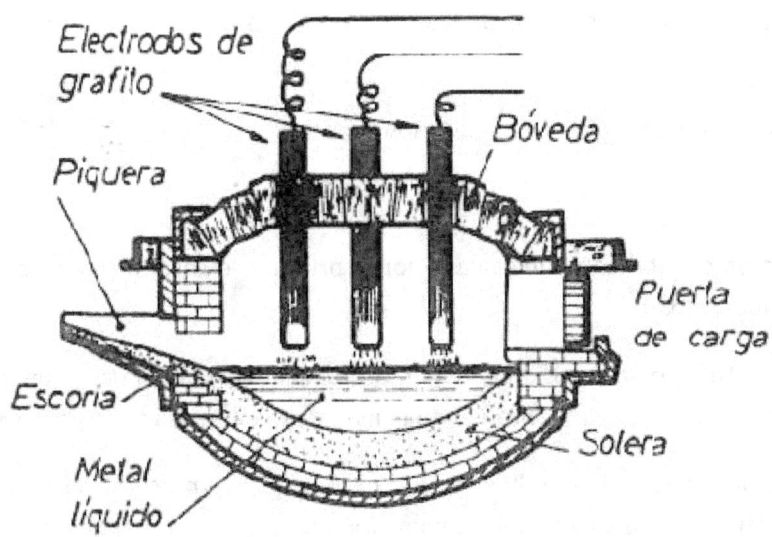

Tecnología mecánica y metrotécnia. Pedro Roca y Juan Rosique. Pág. 204 fig.16.11

Ciclo del horno de arco:

1.- elevar los electrodos, volcar hacia un lado el tejado y descargar la carga.

2.- fusionar la carga a la temperatura adecuada.

3.- determinar la composición.

4.- refinar el metal.

5.- añadir los componentes de aleación necesarios.

6.- ajustar la temperatura.

7.- determinar la composición.

8.- cuando la temperatura y la composición son correctos, se vuelca el contenido sobre un recipiente (ladle)

9.- reparar el refractario del horno para la siguiente carga.

En la bóveda hay tres orificios situados en forma de triángulo equilátero, por donde pasarán los electrodos que calentarán la chatarra por medio del arco voltaico que salta desde sus extremos.

La viruta es el tipo de chatarra más complicada de clasificar, ya que está contaminada generalmente con aceites. Ocupa un gran volumen y tiene poco peso. Sólo si ese cargamento de chatarra es proveniente de los sobrantes de fundición, bebederos, mazarotas,etc. o procedente de forja en frío y estampación, tiene una composición conocida y por tanto es de muy buena calidad.

Las virutas al caer en el horno en primer lugar amortiguan la caída de las piezas grandes, quedando la chatarra menuda en la parte superior del horno, donde estarán en contacto con el arco y se fundirán de manera más fácil.

La carga se realiza de forma simple y barata mediante un cilindro de acero, en cuyo fondo hay una serie de triángulos metálicos articulados que al unirse cierran el fondo de la cesta. Acercando la cesta al horno, rompe la cuerda que *cierra* los triángulos desarticulados y estos se separan volcando la carga.

La razón de que haya tres no es ni más ni menos que la aplicación de una corriente trifásica.

Estos orificios alojan a tres collarines huecos que rodean los electrodos y que están refrigerados por agua a presión, cuya finalidad es defender al refractario de la bóveda más cercano de los electrodos cuando éstos por su trabajo se ponen al rojo.

Los electrodos están fabricados con carbono amorfo o con grafito con un aglomerante.

Regulación de los electrodos

Automáticos, reguladores de potencia: tienen en cuenta las posibles variaciones bruscas de corriente que se puedan producir. (Antiguamente eran manuales-muy inexactos-)

Estos reguladores funcionan con la corriente, actuando por medio de servomotores dando la señal para que actúen, separando con rapidez los electrodos del baño. Pueden actuar manteniendo constante la intensidad o la potencia.

La regulación más complicada ocurre al principio de la fusión de la chatarra, puesto que no presenta una superficie homogénea y la distancia a la punta de los electrodos es muy variable, lo contrario que cuando el acero está en estado líquido y presenta una superficie igual en todo el horno, cuya distancia a los electrodos es la misma siendo igual a la resistividad frente al arco que salta del electrodo.

Es pues, al principio de la fusión, cuando más energía se consume y cuando más interrupciones de trasvase de energía a la carga ocurren, con el consiguiente ruido característico y subidas bruscas de los electrodos, lo contrario de cuando se ha terminado de fundir la chatarra, en que los electrodos apenas si se mueven y el ruido no es sino sonido apagado y continuo.

Preparación de la carga: colocar la cesta cerrada por su parte inferior sobre la báscula. En la parte inferior cargar primero la viruta, y sobre ella, los fondos de solera de fundición, de peso grande o las piezas más pesadas, para colocar después la chatarra menuda. Las virutas al caer en el horno en primer lugar amortiguan la caída de las piezas grandes, quedando la chatarra menuda en la parte superior del horno, donde estarán en contacto con el arco y se fundirán de manera más fácil.

Distribución del arco voltaico

El fundidor lo que persigue es que se forme lo antes posible una zona de líquido o pozo de acero, que tiene doble finalidad. Una es el evitar que el electrodo en su camino descendente logre atravesar la chatarra y perfore la suela.

La otra finalidad es acelerar la fusión de la chatarra por el doble efecto del calentamiento de la misma, por debajo por el contacto del acero líquido y por arriba por la acción del arco.

Importante que la chatarra y los materiales a fundir estén secos, pues de otra forma se formaría vapor de agua y consecuentemente (en su descomposición, hidrógeno, el cual es absorbido por el acero fundido y tendría un efecto perjudicial)

Crisoles: son los recipientes para el translado entre el horno de fundición y el molde. Son de tamaño pequeño, los de tamaño mayor se denominan cucharas. Las cucharas se manejan mediante puentes grúa mientras que los crisoles mediante un utillaje por dos operarios.

Un problema durante el vaciado es que se puede introducir metal oxidado en el molde, lo cual reduciría la calidad del producto. Medidas posibles:

- Filtros para atrapar los óxidos y otras impurezas.
- Uso de fundentes para cubrir el metal fundido y retrasar la oxidación.
- Vaciado desde el fondo, ya que el óxido se acumula en la parte superior.

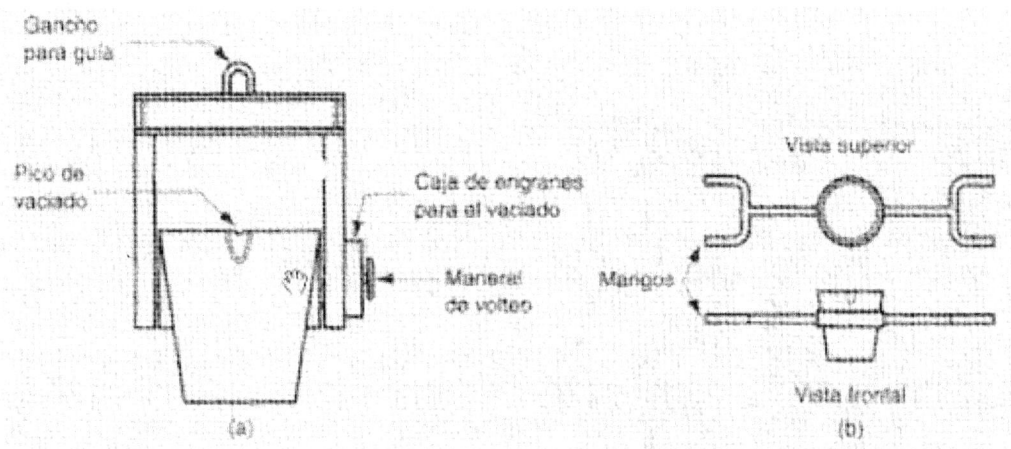

Fundamentos de Manufactura Moderna. Mikell P. Groover. Prentice Hall, pág. 284

Construcción

Cuerpo del horno o cuba: la parte inferior se llama suela, la cual descansa sobre una chapa de acero formando un casquete esférico. Las paredes de la cuba son compuestas de dos o más pisos de ladrillos refractarios de material silico-aluminoso y sobre ellos ladrillos de magnesita. Los huecos dejados por los ladrillos se van llenando de magnesita o dolomía en polvo.

Antes de ponerlo a trabajar (el horno) es necesario secarlo

CUCHARAS Y BUZAS

Cucharas

En su interior va revestida de material refractario, ya sea pisé para pequeñas cucharas o ladrillos para cuando son mayores.

Vamos a insertar una búsqueda por internet de pisé

PISÉ

Builder David Easton recently developed a new, less labor-intensive way of creating a rammed-earth-type home. The process is called **Pneumatically Impacted Stabilized Earth** - named PISÉ by Easton in honor of the French tradition of rammed earth construction.

PISÉ is another earth-based building material that looks and performs much like rammed earth or adobe. PISÉ has all the environmental benefits of rammed earth, but with one important advantage - its quick-lock forming systems, which speeds up the building process. Trained crews can complete up to 1000 square feet of 18" thick wall per day.

Buzas

(para diferenciarlo de las anteriores *buzas*)

Diferenciación con las cucharas: vacían el caldo por la parte inferior. NO necesitan el volante de giro, puesto que no se voltean. En su lugar llevan adosado u mecanismo de tal forma que por medio de palancas hacen salir un vástago, que cierra o abre un orificio por donde sale el caldo.

Cuando el sobrante de acero es considerable, se vacía como ya hemos dicho en un hoyo hecho con arena de fundición en el suelo y se coloca una barra con una chapa donde está inscrita la calidad del acero sobrante justo antes de que se solidifique, quedando la barra soldada al acero.

Es una manera de facilitar al almacén la clasificación de los sobrantes, solo le faltará pesarse para tener controlado el acero.

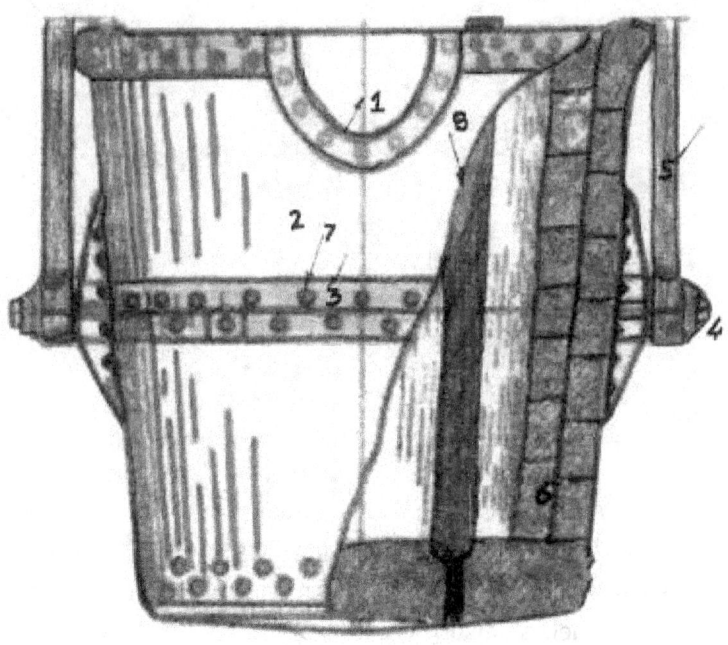

Figura nº 172
Cuchara. 1 – Pico, 2 – carcasa. 3 – Refuerzo. 4 – Muñón. 5 – Brazos portacuchara. 6 – Refractario. 7 – remache. 8 – Vástago

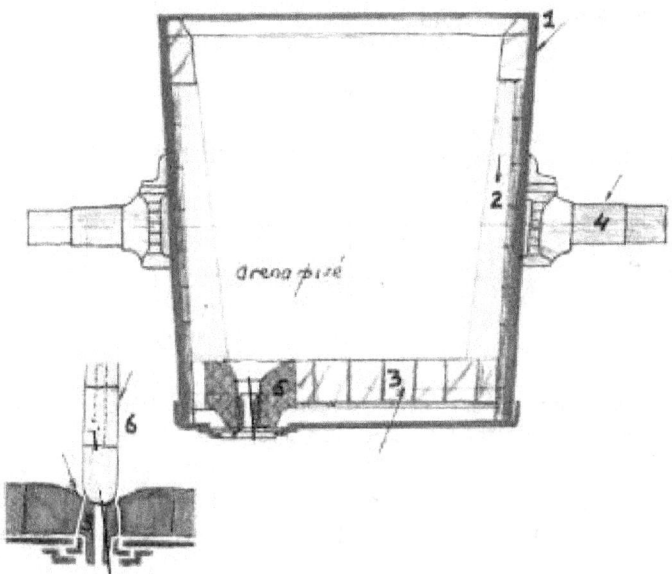

Figura nº 173
Buza. 1 – Carcasa de acero. 2 – Pisé refractario. 3 – ladrillo refractario. 4 – Muñón de sujeción y giro. 5 – Buza o embudo refractario. 6 – tapón refractario

Fundición de aceros moldeados Vicente Aldasoro Yarza, Martín Ibarra Murillo universidad pública de Navarra , pág. 316, fig. 172,173

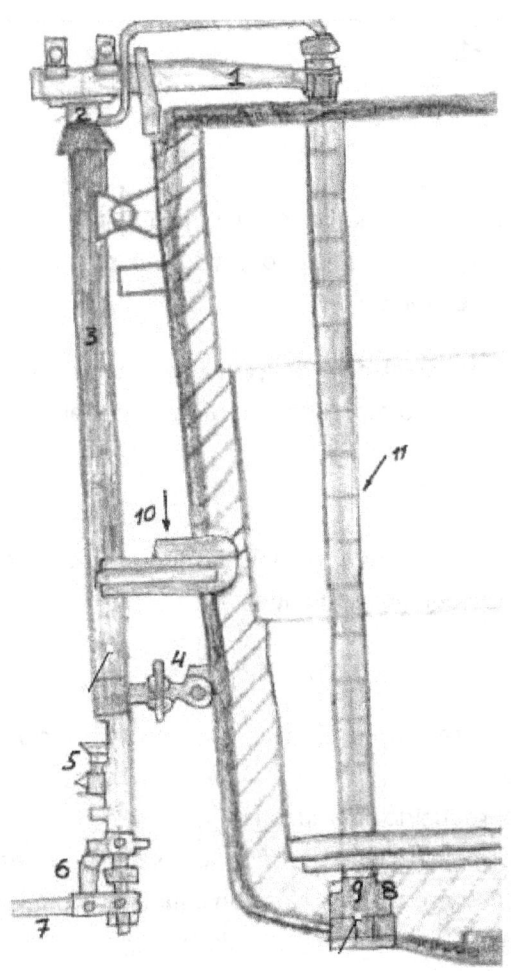

Figura nº 174
Detalle de accionamiento del cierre de una buza. 1 – Horquilla. 2 – Corredera. 3 – Tubo guía. 4 – Mecanismo de tornillo. 5 – Muelle. 6 – Cilindro. 7 – Palanca. 8 – Embudo. 9 – tapón. 10 – Sujeción. 11 – Tubo cerámico

Fundición de aceros moldeados Vicente AldasoroYarza, Martín Ibarra Murillo, pág. 317, fig. 174

Este tema se recomienda ampliarlo mediante el libro Fundición de Aceros moldeados de la Universidad Pública de Navarra.

Vervideos :

Dross: metalcasting at home 36, NADCA´S ENERGY TRAINING

Furnaces: steel university

Metalcasting at home 25,28,9

PREPARACIÓN DE LAS ARENAS DE MOLDEO

1.- Las arenas de moldeo

En la elaboración de un molde intervienen muchos factores: forma y tamaño del molde, grado de precisión y acabado del modelo, sistema de moldeo, grado de compactado producido por las máquinas de moldeo, estado de las máquinas de moldear, la propia arena de moldeo...

Debido a que, en principio, es más difícil corregir una instalación deficiente, que unos modelos en mal estado o unas cajas imprecisas, se tiende a intentar mejorar primero realizando modificaciones en la arena.

Propiedades de la arena de moldear

La más importante es el carácter refractario de la arena, lo que la hace apropiada para el tipo de proceso que estamos viendo, de tal forma que aguanta la alta temperatura del metal fundido.

Características importantes que ha de tener:

- Distribución de tamaños (*granulometría*) adecuada para proporcionar la correcta evacuación de gases y dar una superficie de pieza lo menos rugosa posible.
- *Plasticidad* adecuada para adaptarse al modelo y reproducirlo con fidelidad.
- *Cohesión* suficiente, para que una vez obtenida la forma del modelo, conserve sus dimensiones.
  Cohexión también para cuando se maniobren las cajas y se cuele la aleación líquida.
- *Tenaz,* para que el molde pueda soportar pequeñas deformaciones sin desmoronarse. Tenacidad para permitir la contracción de la pieza durante su enfriamiento.
- En el momento de la colada ha de *resistir los efectos de la temperatura, el ataque químico y la erosión del flujo de metal.*
- Tras la solidificación del metal, ha de tener *fácil desmoronamiento,* para separar la arena de la pieza ya solidificada.
- Es importante, que, con pequeñas adiciones, se puedan *recuperar las propiedades iniciales* puesto que si no, no sería rentable su utilización.

Como casi todos los elementos, a la llegada de temperatura, sufren dilatación. Es necesario que la arena sepa acomodar dicha expansión de sus granos, de otra forma se produce un defecto llamado *expansion scabbing* (ver dibujo)

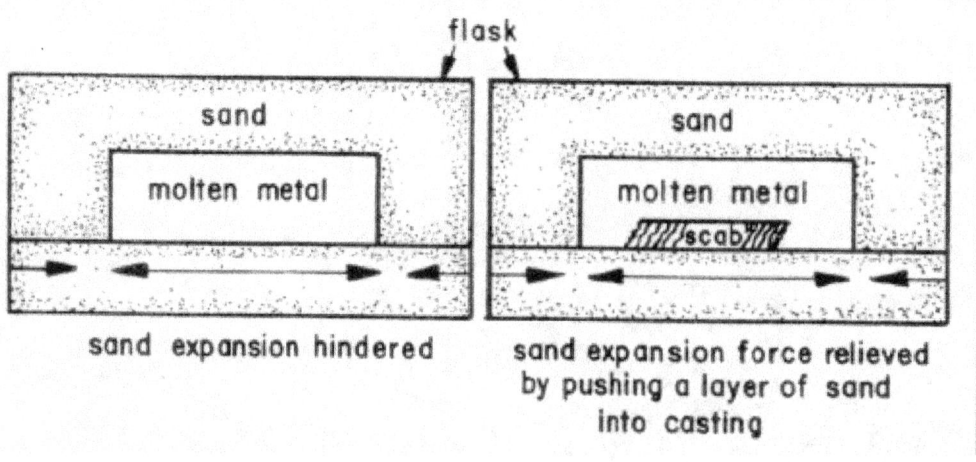

Courtesy American Foundry Society, 1973, 2008, Schaumburg, Illinois USA (www.afsinc.org)

Fundamental molding sand technology cast metals technology series AFS p8

Otra cosa a tener en cuenta es la resistencia que ofrece la arena justo detrás de la superficie "atacada" por el calor del fundido. Se nos forma un área débil justo en la conjunción de la arena seca en contacto con el fundido, con la arena a suficiente distancia que aún permanece húmeda.

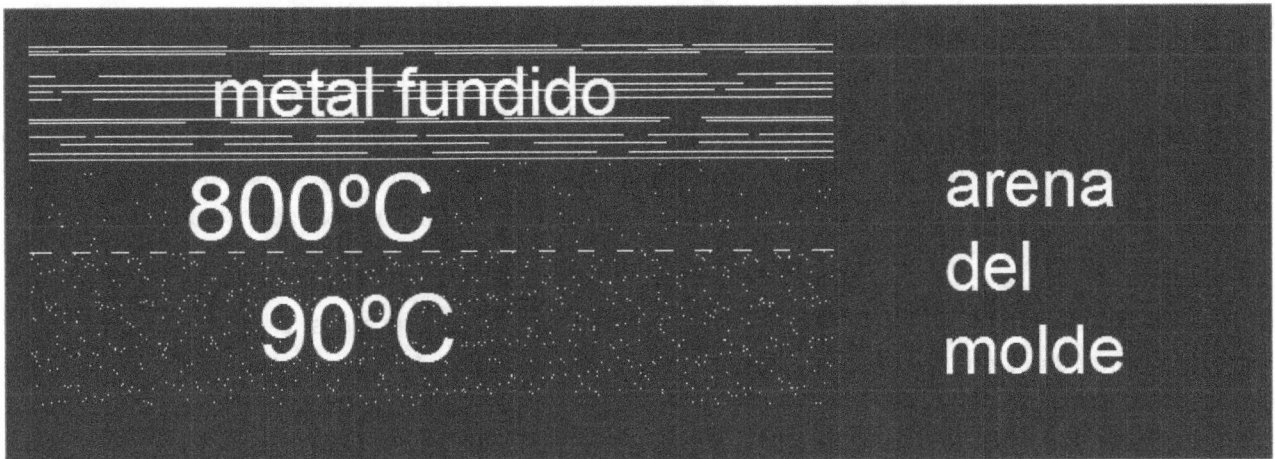

Una forma de evitar este defecto es compactar la arena de forma suave, de forma que compensemos la expansión que tendrá lugar con el contacto del fundido. Sin embargo, esto nos producirá peores acabados, además de *strains*, y la penetración del fundido sobre la arena.

Veamos el defecto strains, el que acabamos de nombrar: es cuando la arena no tiene suficiente cohesión, no es capaz de soportar la presión metalostática del metal fundido y "se hincha", resultando el casting más grande de lo que en realidad debería de ser.

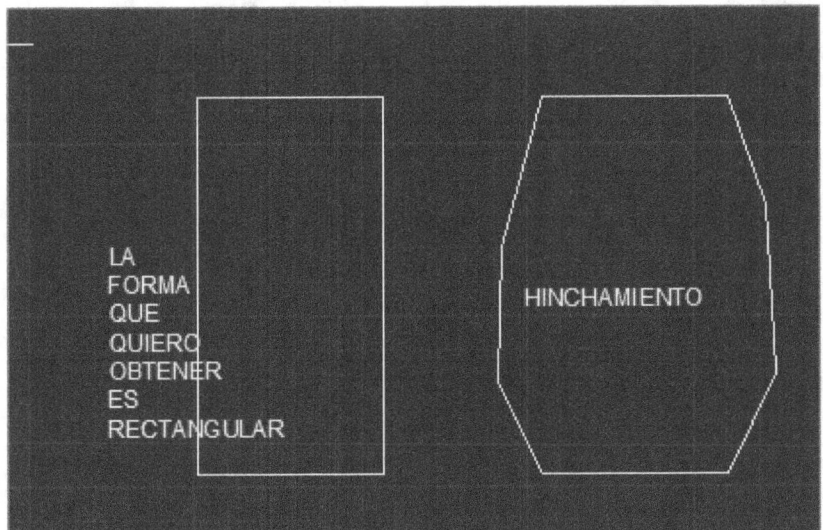

Tipos de arenas

Cuando hablamos de arenas estamos hablando de granos de sílice SiO_2 y cierta cantidad de arcilla y humedad que consiguen la aglomeración (plasticidad y cohesión). Veamos la clasificación de las arenas atendiendo a la parte de sílice:

Según su origen:

1.- arenas naturales: se encuentran en la naturaleza con sus componentes ya distribuidos

2.- arenas artificiales o sintéticas: hay que mezclar de forma artificial los porcentajes adecuados de sílice, arcilla y agua. Son las usadas industrialmente.

Según el estado o el uso al que se destinan:

1.- **arena verde**: se denomina arena verde porque está húmeda y este es el tipo de fundición principal que vamos a ver, no porque la arena tenga dicho color. El porcentaje de humedad no debe sobrepasar el 8% o si no, se generarían demasiados gases durante la colada.

2.- **arena seca o de estufa**, eliminando la humedad de los moldes. (ya visto en el tema de introducción). Estos moldes se emplean para fundir piezas de grandes dimensiones o de formas complicadas y cuando se desea una elevada calidad. Estas piezas tienen menor tendencia a producir poros, mayor resistencia mecánica, y mayor precisión en las dimensiones de las piezas. Sin embargo, presentan los inconvenientes de mayor coste y pérdida de tiempo en el secado.

3.- **Arena vieja o del montón**: la que se obtiene al desmoldear las piezas fundidas. La arcilla ha perdido las propiedades aglomerantes por la temperatura a la que ha sido sometida. Se regenera pues añadiendo arcilla nueva o arena rica en arcilla nueva.

4.- **arena de moldeo**: es la que ha estado en contacto íntimo con el modelo y con el metal fundido. Es la arena con mejores características que necesito.

5.- **arena de relleno**: es la que envuelve a la de moldeo, y por tanto no la necesito tan "buena". Por tanto, puedo utilizar arena usada o de montón.

6.- **arena para machos**: como se verá en el tema de *cores*, es arena de condiciones óptimas, extrasilícea, de granos redondeados y tamaño uniforme, con los aglomerantes necesarios como se estudiará.

Nota arena seca: cuando los moldes son secados en estufas, la arena del molde disminuye el porcentaje de agua, lo cual permite mejorar la resistencia mecánica, la calidad superficial y se aumenta la permeabilidad del molde; pero tiene el inconveniente de ser más caras que las arenas verdes, porque se tarda más en hacer el molde y se gasta más energía en el secado.

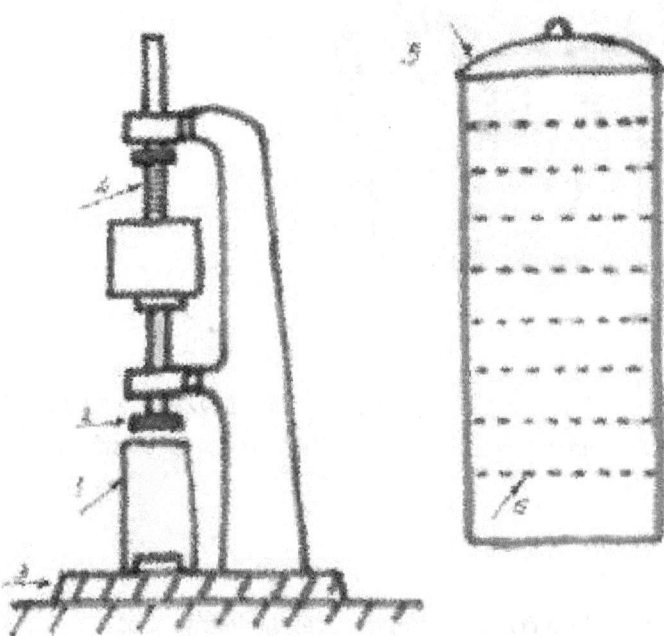

Fundición de aceros moldeados Vicente Aldasoro Yarza, Martín Ibarra Murillo. Universidad Pública de Navarra, pág. 357

Granulometría

Está claro que cuanto más en contacto estén los granos de arena, menor la permeabilidad. Sin embargo, granulometría muy fina nos ocasiona que el molde sea muy rígido y disminuya su tendencia a la distorsión. La forma de los granos puede ser redondeada a angular.

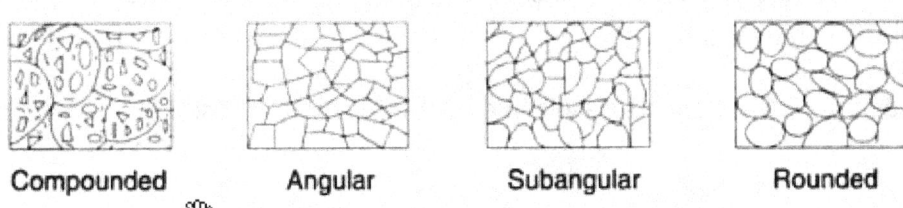

Principles of foundry technology P.L. Jain p.56, fig,3.1 Tata Mc Graw Hill Education

a) *Granos redondeados:* tienen el menor contacto con otro cuando están compactados, de forma que son los que dan la permeabilidad más alta a igual grado de compactación y demás características. Los requerimientos de aglomerante son por lo tanto mínimos.
b) *Granos subangulares:* tienen comparativamente menor permeabilidad y mayor resistencia que los redondeados.
c) *Granos angulares:* tienen mayor resistencia y menor permeabilidad que los subangulares. Necesitan bastante aglomerante.
d) *Granos "compuestos":* en determinados casos los granos están "cementados" unos con otros y no se separan cuando pasan por el tamiz. Estos son los menos deseables debido a su tendencia a desmoronarse a alta temperatura.

En la práctica, los granos contienen una mezcla de formas de todos, según el origen.

Compound sand grains consist of two or more sand grains naturally cemented together; they require more binder and tend to break down when subjected to mechanical and heat energy. Compound sand grains are a poor choice for base sand.

En definitiva, a mayor redondeo, máxima permeabilidad (hay más espacios) pero disminuye la dureza (los granos finos producen una estructura más compacta y por tanto dan más dureza y rigidez).

Una de las ventajas del grano redondeado es que carece de fisuras, ya que no ha sufrido trituraciones geológicas, como las de as arenas angulares, que sí han sido rotas y trituradas.

La forma ideal de las arenas es la esférica:

- Requires the least bond. (máximo volumen por mínima superficie)
- Has the highest flowability of any mixed sand. (es lógico, cualquier arena con vértices, fluiría peor)
  (the Word *floability* means that with the least mechanical effort expended, the sand will flow and fill a core box, thus yielding the greatest core density.
- *(no explicar; ampliación)* When bonded with like amounts of clay and rammed with the same force, the angular sand will show a higher permeability than the rounded sand grains. (es decir, se compacta mejor la arena redondeada que la angular, cosa también lógica)

Ensayo de tamizado

Sirve para ver la distribución de los granos de arena. La arena se hace pasar por un juego de tamices, de abertura de maya decreciente. El rechazo de cada tamiz se multiplica por un factor que depende de la apertura de la malla. La suma de todos los productos, dividido por el peso inicial, se denomina índice de finura AFS, el cual indica el tamaño medio de los granos de arena. Sin embargo, dos arenas con un mismo índice de finura, pueden tener distribuciones granulométricas distintas. (Por ejemplo, si tengo una distribución del tipo 2,3,4,3,4,2,1000000 y realizo la media, ésta no me indica con claridad si no tengo la dispersión cómo es la muestra.)

Atendiendo a su índice de finura, las arena se clasifican en diferentes intérvalos: 20-30, 30-40, etc.

Fig. 3.2 Sieve shaker

Principles of foundry technology P.L. Jain p.57, fig.3.2 Tata Mc Graw Hill Education

Tabla de equivalencias entre tamices AFS y tamices DIN

Tamiz AFS			Tamiz DIN		
Nº	APERTURA DE LA MALLA (mm)	FACTOR PARA ÍNDICE DE FINURA	Nº	APERTURA DE LA MALLA (mm)	FACTOR PARA ÍNDICE DE FINURA
6	3,36	3	1	3	3
12	1,68	5	2	1,5	6
20	0,84	10	3	1	9
30	0,59	20	4	0,6	17
40	0,42	30	5	0,4	31
50	0,297	40	6	0,3	41
70	0,21	50	7	0,2	52
100	0,149	70	8	0,15	71
140	0,105	100	9	0,1	103
200	0,074	140	10	0,075	146
270	0,053	200	11	0,06	186
fondo	-	300	fondo	.	271

Índice de finura:

$$\text{índice de finura} = \frac{\sum \text{porcentaje retenido en cada malla} \cdot \text{factor correspondiente}}{\text{porcntaje total de granos de arena}}$$

EJEMPLO DE CALCULO DEL INDICE DE FINURA DE UNA ARENA DE MOLDEO

Tamiz n.°	Residuo sobre cada tamiz en gr.	Factor K	Producto G gramos × K
6		3	0
12	0,02	5	0
20	0,02	10	1
30	0,10	20	2
40	0,20	30	6
50	0,92	40	36
70	4,10	50	205
100	14,52	70	1016
140	44,22	100	4422
200	19,10	140	2674
270	1,55	200	310
Polvos	1,30	300	390
Totales	84,15		9062

Contenido en arcilla .... 15'85 %
Contenido en sílice .... 84'15 %

$$\text{Indice de finura} \frac{9062}{84'15} = 107$$

tecnología mecánica y metrotecnia vol 1 de Jose María Lasheras

editorial donostiarra Parte I conformación por moldeo pág.61 cuadro 3-5

The grain fineness number is a measure of the carseness of the molding sand. The coarser the sand (lower gfn) the higher the permeability and the higher the risk of poor casting surface finish and metal penetration. Fine sands generally indicate lower permeability and better casting surface finish. It is generally accepted that the ideal green sand will have a four screen distribution. A normal four screen sand will have 10% or more of the total sand retained on each of four adjacent screens. Normally, the outer two screens will be somewhat close to 10% shile the two center screen will have 20-35%. Es decir, en 4 tamices seguidos, mínimo 10% en cada uno de los tamices, generalmente 10% en los dos de los extremos y 20-35% en los dos centrales de los 4.

Cómo hemos indicado anteriormente, el índice de finura es como una medida de la media, que sin entender la distribución (dispersión) nos puede llegar a confusiones, por lo que suele venir acompañada por :

<u>Curva de frecuencia del tamaño de los granos:</u> se obtiene colocando en abscisas el número del tamiz, o el logaritmo de su abertura expesada en micras, y, en ordenadas, el porcentaje de arena retenido en cada tamiz.

Es como un histograma.

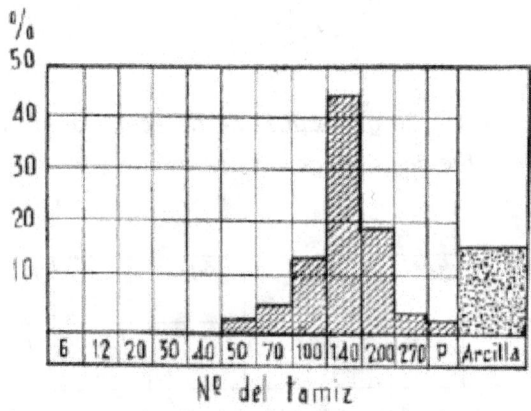

tecnología mecánica y metrotecnia vol 1 de Jose María Lasheras

editorial donostiarra Parte I conformación por moldeo fig.3-15, pág.60

Fig. 3-15.—Diagrama de porcentajes de tamaños de granos de las arenas de moldeo.

Curva acumulativa o aditiva: en este caso tendríamos como una especie de curva de diagrama de Pareto o ABC. Sería parecido al gráfico anterior, pero en ordenadas iría colocando los porcentajes acumulados, es decir, sumando el porcentaje de un tamiz los anteriores. Lo ideal es que los granos estén acumulados en 3 tamices sucesivos, es decir, que la pendiente de esta curva se elevada. Cuando la arena se va usando en sucesivas coladas, la pendiente de la curva se va desplazando hacia la derecha, ya que los granos se rompen por el calor que desprende el metal en el molde y disminuyen de tamaño (mayor porcentaje de granos pequeños). Las arenas se pueden clasificar según el diámetro de los granos en :

Fina, de 20 a 50 micras.

Muy fina, de 50 a 100 micras.

Media, de 250 a 500 micras-

Gruesa, de 500 a 1000 micras

Y muy gruesa, de 1000 a 3000 micras.

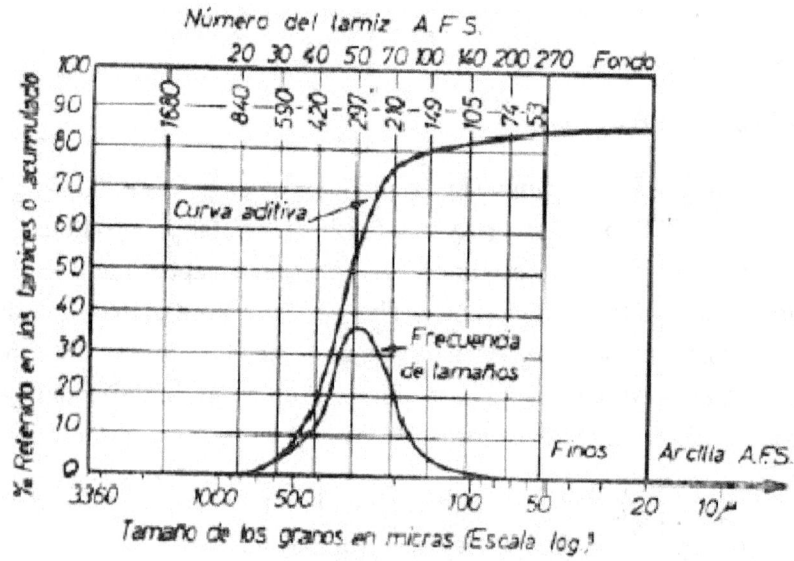

Tecnología mecánica y metrotécnia. Pedro Roca y Juan Rosique. Ed. Pirámide Pág. 145, fig. 12.2

Sands carefully prouduced and selected for the foundry are basically *close graded*, with the bulk of the grains spread over three or four principal sieve sizes. (no tienen tamaño de granos muy diferentes)

Ejercicio propuesto:

Para determinr la arcilla AFS y la granulometría de una arena, se pesan 20 gr después de desecada y una vez elimminada la arcilla- mediante decantación- el peso del residuo seco fue de 16,96 gr. Este se tamiza y el peso de los granos retenidos en los tamices AFS es:

Tamiz nº	6	12	20	30	40	50	70	100	140	200	270	Fondo
Gr de arena	0	0	0	0.8	2.4	7.3	4.46	1.04	0.42	0.3	0.18	0.06

Calcular: 1) contenido de arcilla AFS

2)curva de frecuenda de tamaños y acumulativa

3)indice de finura AFS

Preparación de las arenas de moldeo

DISEÑO DE MOLDES Y MODELOS DE FUNDICIÓN Alejandro Plaza Tovar

(soluciones)

(1)15.2 (3)47.98

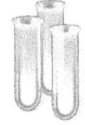 *Práctica número 5 "prácticas fundición arena"* 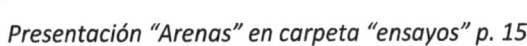 *Presentación "Arenas" en carpeta "ensayos" p. 15*

Ejercicio: ¿qué aparatos serían necesarios para esta práctica? Localízalos en *"brochure"* y en otro suministrador diferente.

Permeabilidad

Como hemos dicho, a permeabilidad está relacionada con el tamaño y forma de los granos de arena. Es Cuanto mayor finura tenga la arena, mayor dificultad al paso de los gases generados durante la colada (vapor de agua, volatilización de resinas, el propio aire encerrado-procede del empuje del metal que lo desplaza al llenar el hueco del molde-), lo cual puede originar bolsas de gases que se traducirán en defectos en la pieza fundida.(si no se deja la salida de gases, la presión metalostática del líquido aumenta y ese gas se ve forzado a penetrar dentro del metal, para conducir a la generación de cavidades gaseosas en las piezas)

Nota: Permeability often relates to casting surface finish. Sand with high permeability is prone to surface finish problems, such as burn-in, burn-out, or expansion defects (además de que cuanto más basto sea el grano, peor acabado superficial)

Permeability testing can provide a good index to help define AFS grain fineness and grain distribution. Sands that do not have good screen distribution (i.e., four screen sands- es decir, que ocupan 4 tamices seguidos con más del 10% en cada tamiz) have a greater tendency toward expansion defects such as rattail, buckles and scabs.

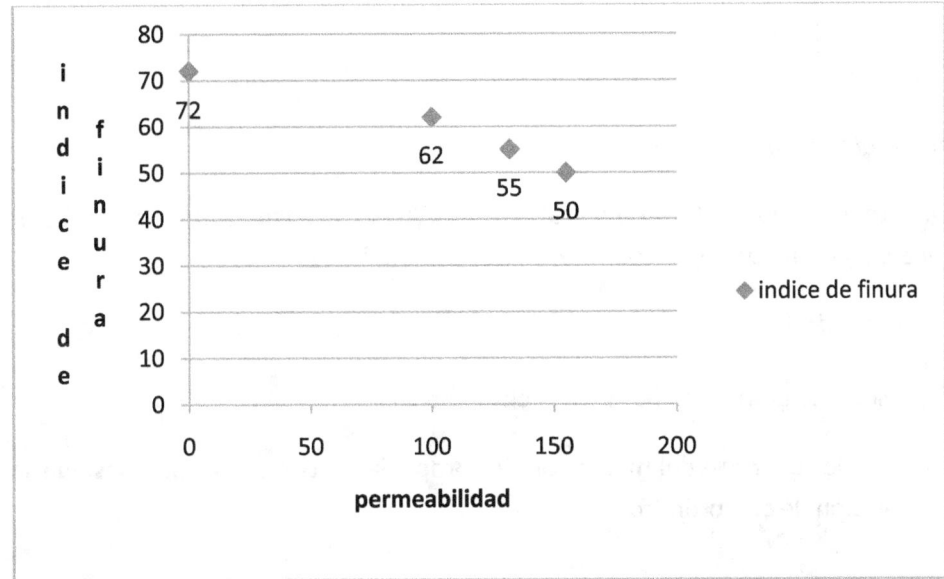

Como vemos en el gráfico, la permeabilidad disminuye, al aumentar el índice de finura.

Como la resistencia a la salida de los gases se incrementa según disminuye el tamaño de los huecos de los granos de arena, la permeabilidad necesaria a configurar a la arena (que no es otra sino en función del tamaño de sus granos, forma, compactación,etc.) vendrá determinada por la cantidad global de gases que calculemos que se vayan a producir y los requerimientos de acabado superficial.

Otro *problema* al que nos tenemos que enfrentar es que como casi todos los materiales, la arena sufre una expansión al contacto con el caliente metal fundido. Para la arena silícea normal, supone un cambio de fase de

Preparación de las arenas de moldeo

alfa a beta, lo cual se traduce en un incremento de volumen. Dicha expansión se ha de poder acomodar, de otro modo, el molde se verá distorsionado o agrietado, con sus consecuentes defectos.

Los granos no deberían ser compactados demasiado densamente puesto que no dejarían expandirse a la superficie de la arena.

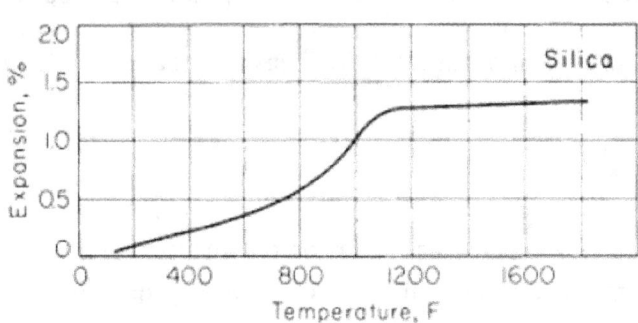

Asm Metalshandbook vol 15. Casting p.487 fig.3

Para medir la permeabilidad de la arena se emplea un aparato que mide lo que tarda una cantidad fija de aire pasar a través de una muestra de arena. De esta forma se determina la permeabilidad, que es un número que indica el volumen de aire en cc. que pasará por minuto a través de una muestra de arena de 1 centímetro cuadrado de sección y 1 cm de altura, a una presión de 1 gm por cm2.

Cuando las arenas son muy finas reducen la capacidad para la evacuación de los gases, aunque mejoran la calidad superficial. También son las que requieren mayor cantidad de agente aglomerante (arcilla, agua) por la mayor cantidad de superficie que debe ser "empapada". Esto agrava los problemas de generación de gases, al tener más agentes de unión incrementa la cantidad de gas que se genera.

 *Presentación "Arenas" en carpeta "ensayos" p. 14,17*

Por todo lo anterior que hemos comentado, hemos de llegar a un compromiso (tener suficientes huecos para dejar escapar los gases, pero no tantos que me produzcan superficies demasiado ásperas)

Factores que determinan la permeabilidad

1.-*la granulometría:* cuanto más finos sean los granos, menor será la permeabilidad

Por tanto, la permeabilidad y la finura de la superficie del molde son dos propiedades contrarias, para las que se debe usar un término medio en una solución de compromiso.

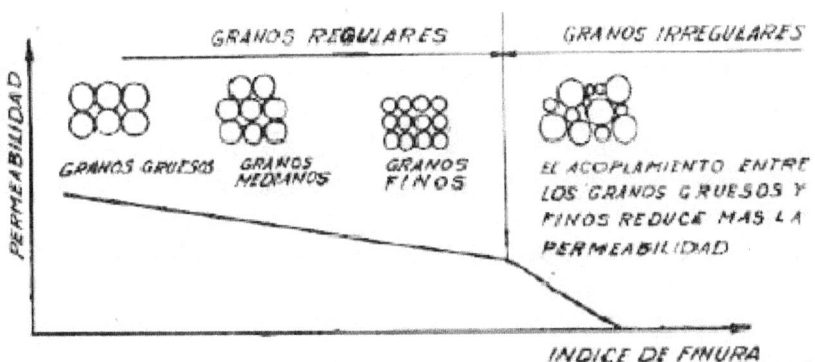

Fig. 3-17.—Relación entre la permeabilidad y el índice de finura e irregularidad de los granos de las arenas de moldeo.

tecnología mecánica y metrotecnia vol 1 de Jose María Lasheras

editorial donostiarraParte I conformación por moldeo fig.3-17, pág. 63

2.- *la forma de los granos:* los granos circulares dan mayor permeabilidad que los angulosos.

3.- *de su contenido en arcilla*: cuanto mayor sea, más acoplados quedarán unos granos con otros y menor será la permeabilidad.

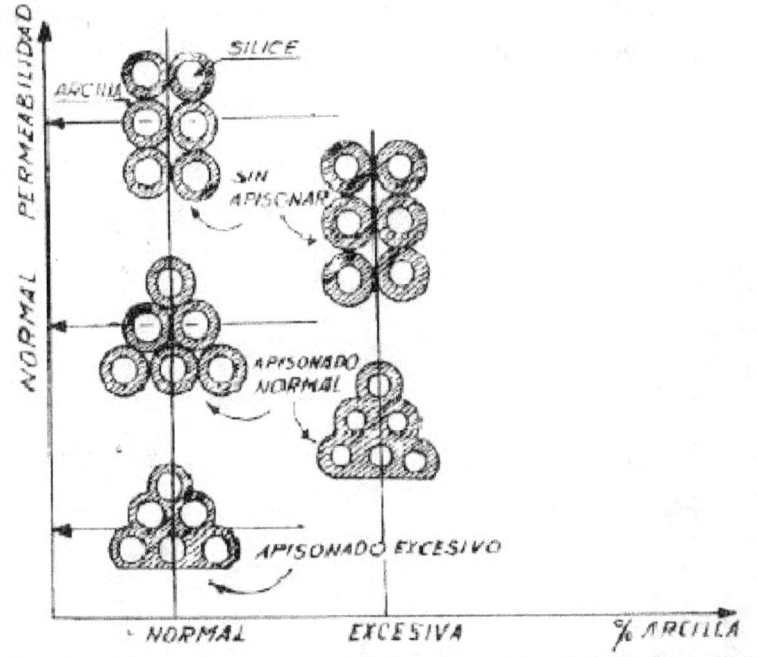

Fig. 3-18.—Relación entre la permeabilidad de las arenas de moldeo y su contenido de arcilla y grado de apisonado.

tecnología mecánica y metrotecnia vol 1 de Jose María Lasheras

editorial donostiarra Parte I conformación por moldeo fig.3-18, pág. 63

4.- *de la intensidad del apisonado (cuanto mayor sea, mayor densidad habrá)*

5.- *Del porcentaje de humedad: si la cantidad de humedad es grande, el agua rellena todos los huecos y resulta muy baja su permeabilidad. Una cantidad de agua favorable desaparece bajo el calor del fundido y entonces se quedan huecos que favorecen la permeabilidad (ver gráfico)*

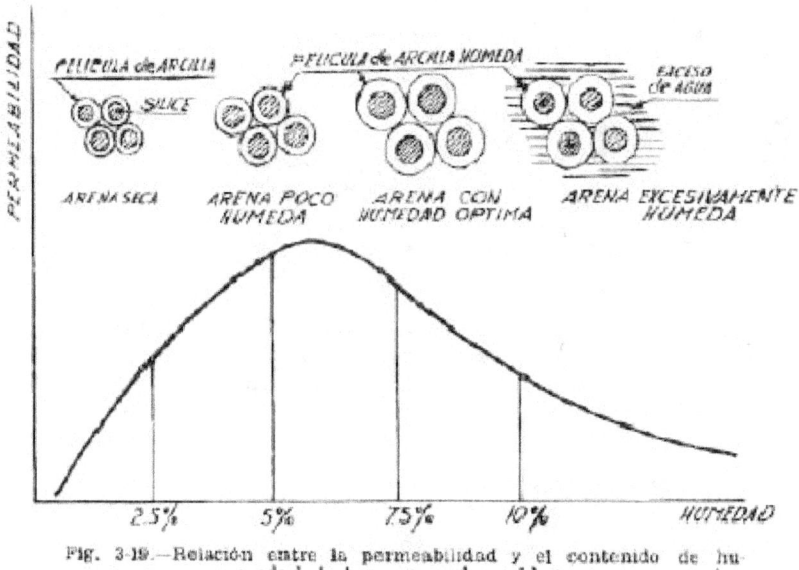

Fig. 3-19.—Relación entre la permeabilidad y el contenido de humedad de las arenas de moldeo.

tecnología mecánica y metrotecnia vol 1 de Jose María Lasheras

editorial donostiarra Parte I conformación por moldeo fig.3-19, pág. 64

Como vemos en el diagrama, al principio, al aumentar la humedad nos aumenta la permeabilidad, y ello es debido a que cuando entra el fundido caliente, se evapora parte de la humedad y nos deja huecos que mejoran su permeabilidad.

La cantidad de huecos si los granos son uniformes –del mismo tamaño-(independientemente del nivel de compactado) es bastante importante, ya que es imposible tener menos del 40% de huecos en este supuesto.

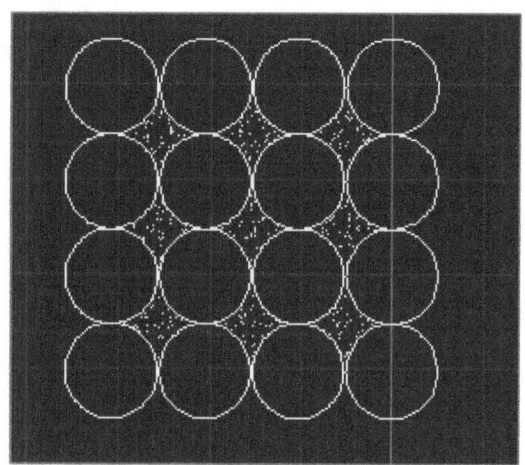

(las áreas sombreadas son vacío.)

Si el tamaño de los granos es uniforme, poco podemos hacer con variar el tamaño, ya que granos de arena muy grandes, nos darán pocos huecos pero muy grandes, y granos muy pequeños nos darán muchos huecos muy pequeños, pero el porcentaje final ocupado por los huecos será muy similar.

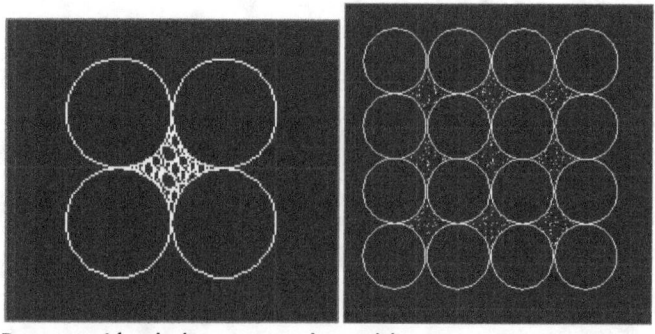

Preparación de las arenas de moldeo

Dibujo de la derecha: menor tamaño de grano, huecos más pequeños pero en mayor número: resultado =porcentaje ocupado por los huecos.

El tamaño de los huecos puede ser cambiado de dos formas:

1.- cambiando el tamaño de los granos

2.- mediante cambios en la distribución de granos, esto es, rellenando los huecos con tamaños más pequeños.

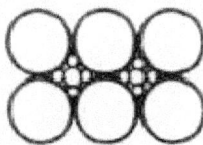

Courtesy American Foundry Society, 1973, 2008, Schaumburg, Illinois USA (www.afsinc.org)

Fundamental molding sand technology cast metals technology series AFS p15

Por tanto, hay que tener presene que cambiando el tamaño de grano, no afecta realmente a un cambio de densidad. Sí que lo hace realmente el mezclar diferentes dipos de tamaño de grano, ahí es donde realmente relleno los huecos. Esto lo puedo hacer mediante dos formas diferentes:

a) Como acabamos de explicar, con una arena con diferentes distribuciones de tamaño de grano.
b) Rellenar los huecos con pequeñas partículas del tipo *silica flour or fire clay* (se verá más adelante).
Silica flour:

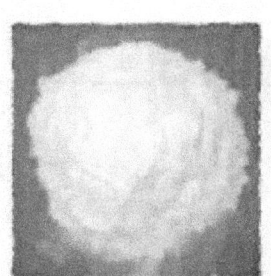  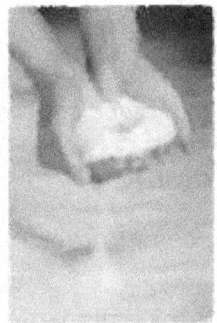

Source: internet

Este tipo de partículas se denominan *washes*, y son usadas – en este caso- para mejorar la densidad de la arena. Están compuestas por pequeñas partículas de grafito, sílica flour, zirconita, u otro material refractario. Dichas partículas están suspendidas en agua, alcohol o algún otro líquido y de esta forma pueden ser aplicadas mediante spray o cepillo (como pintadas) sobre la superficie de los moldes. Una vez aplicadas se puede retirar el líquido que las "sostenía" mediante secado (con llama por ejemplo, como un carajillo)

Un exceso de humedad provoca generalmente un descenso de resistencia de la arena. Además de un aumento en la formación de gases.

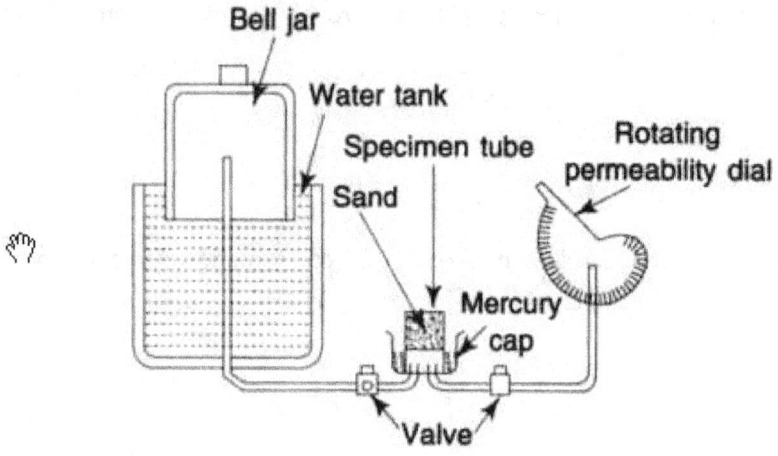

Principles of foundry technology P.L. Jain p.64, fig.3.8 Tata Mc Graw Hill Education

Para mejorar la permeabilidad puedo crear *pasajes artificiales que se denominan vents para permitir la salida de gases.*

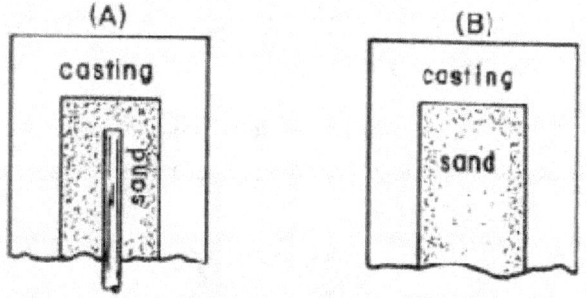

Fundamental molding sand technology cast metals technology series AFS p20

Courtesy American Foundry Society, 1973, 2008, Schaumburg, Illinois USA (www.afsinc.org)

En el dibujo de abajo, con el problema de penetración de metal y de evacuación de gases, la solución

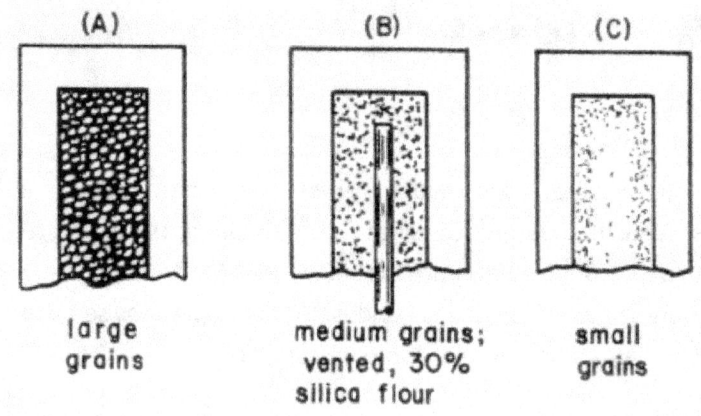

ideal sería la (B)

Courtesy American Foundry Society, 1973, 2008, Schaumburg, Illinois USA (www.afsinc.org)

Fundamental molding sand technology cast metals technology series AFS p20

Fig. 3.9 *Permeability meter*

Principles of foundry technology P.L. Jain p.69, fig.3.9.Tata Mc Graw Hill Education

La permeabilidad se determina mediante la siguiente fórmula:

$$número\ de\ permeabilidad = \frac{v \cdot h}{p \cdot a \cdot t}$$

V es el volumen de aire en cc

H, es la altura de la muestra en cm

P es la presión del aire en gr/cm^2

a es la sección transversal de la muestra en cm^2

t es el tiempo en min

El instrumento, como hemos comentado en otras ocasiones, es el permeability meter, el cual lleva incorporado una campana graduada de 2 litros de capacidad de un volumen de aire sobre agua. Un tubo desde la parte de volumen de aire comunica directamente con la probeta, la cual está colocada sobre una tórica del tipo o-ring, de forma que el aire está confinado hasta que escapa a través de mi probeta. Se determina el tiempo que le cuesta escapar al aire.

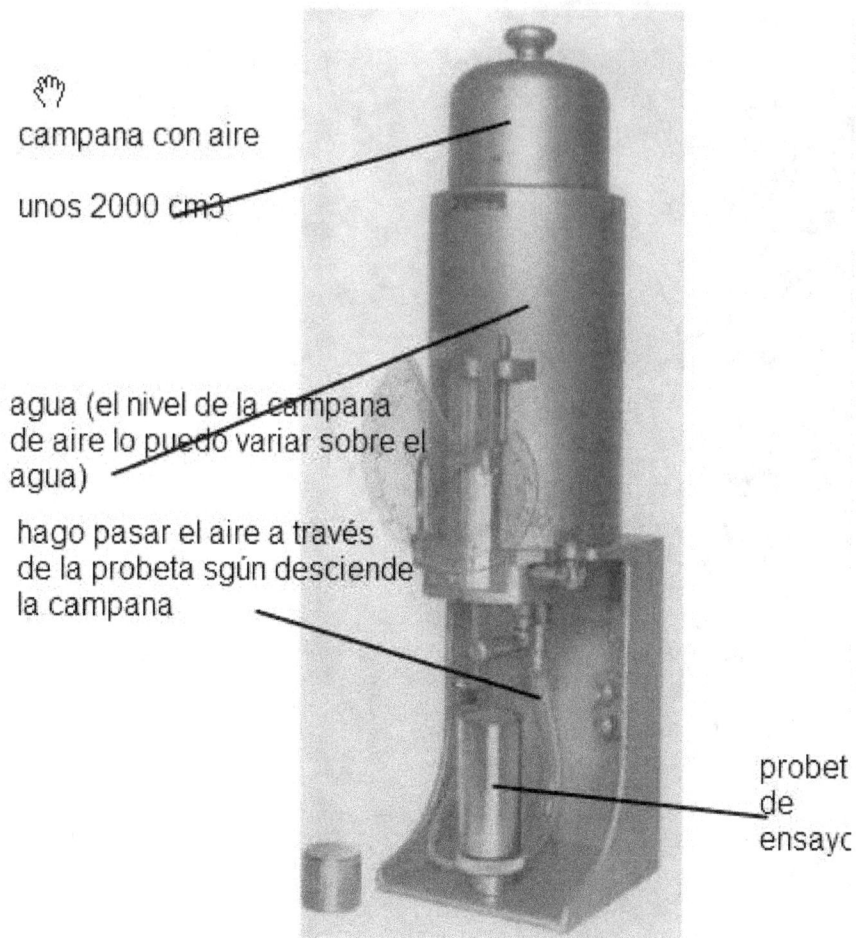

Figure 4.5 Permeability meter (courtesy of Ridsdale & Co. Ltd.)

Foundry technology Peter Beeley 2 ed BH ediciones, p.189 fig.4.5.

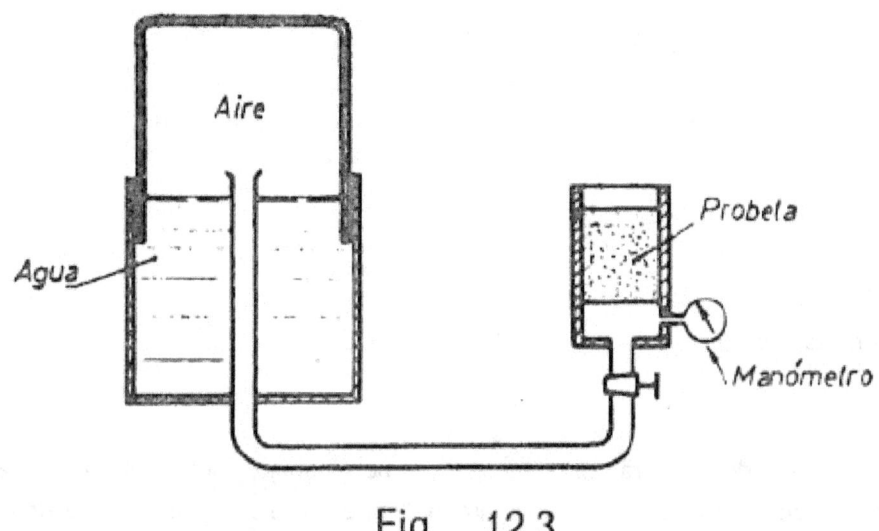

Fig. 12.3

Pedro Roca y Juan Rosique. Editorial pirámide Pág. 146 fig. 12.3

Tecnología mecánica y metrotécnia.

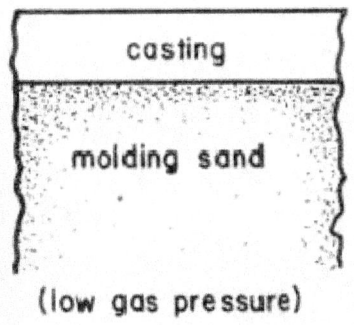
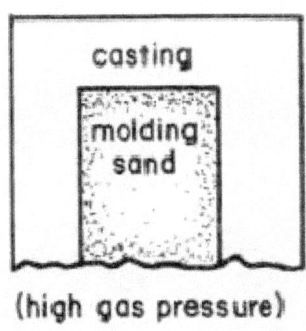

Courtesy American Foundry Society, 1973, 2008, Schaumburg, Illinois USA (www.afsinc.org)

Fundamental molding sand technology cast metals technology series AFS p5

También es importante la forma de nuestra pieza, puesto que la presión de aire es mucho más elevada cuando la forma de nuestra pieza tiene más de una superficie.

Para resumir, podemos indicar que el tamaño de los granos y de huecos podría ser tan elevado como lo máximo que nos permita el estado superficial o la penetración de metal que queramos obtener, para favorecer la salida de gases.

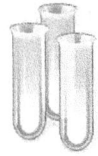 *Práctica número 4 "prácticas de fundición de arena"*

Ejercicio: ¿qué aparatos serían necesarios para esta práctica? Localízalos en "*brochure*" y en otro suministrador diferente.

Refractariedad

La refractariedad de las mezclas de arena aumenta con el incremento de los granos de cuarzo (arena) y con la disminución de las impurezas (mica o feldespato). Además la sílice, puede reaccionar con los óxidos de Fe y Mn, reacción que haría disminuir el punto de fusión, se quemaría la arena y produciría los consiguientes defectos. Para evitar ello, se utilizarían otro tipo de arenas, por ejemplo, si quiero evitar la reacción de los óxidos de Mn, la Olivina sería la apropiada. La Olivina también se emplea para evitar los peligros de salubrilidad de la sílice. La zirconita y la cromita tienen bajo coeficiente de expansión, con lo cual evitan los defectos de quemado de la sílice. Además tienen un alto coeficiente de conductividad térmica, con lo cual el enfriamiento se produce más rápido (que en la sílice) y puedo provocar enfriamiento direccional (se verá en el tema correspondiente). La zirconita es la que mejor acepta los catalizadores aglomerantes por reacción química (*chemically bonded*) pero a su vez tiene un fuerte componente de peligrosidad (toxicidad) y hemos de trabajar con las medidas apropiadas de prevención.

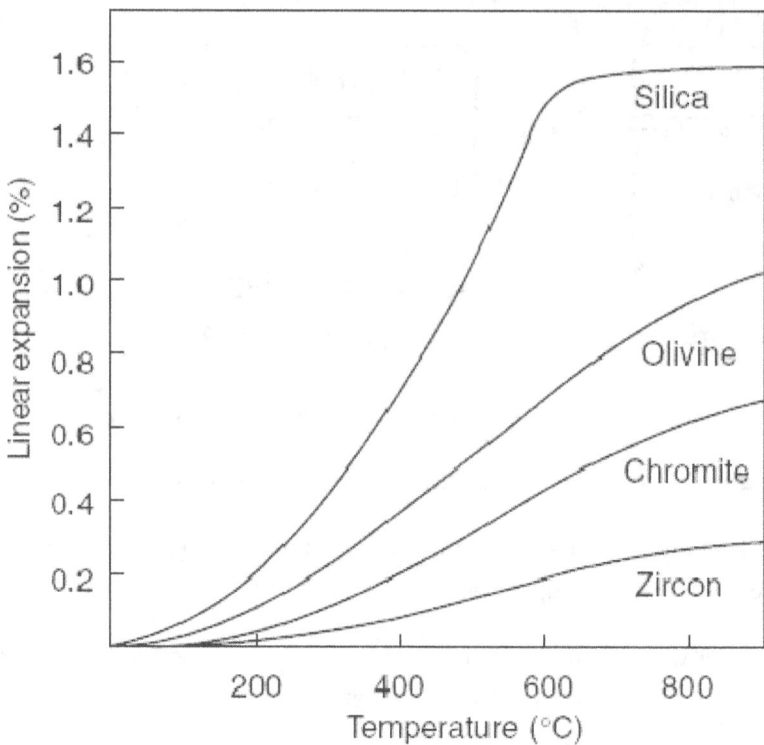

Figure 12.2 *Thermal expansion characteristics of zircon, chromite and olivine sands compared with silica sand. (Courtesy CDC.)*

Foseco Ferrous Foundrymans Handbook J. Brown ed. Butterworth Heinemann, pág. 150

Dilatación

Los granos de arena son de α –cuarzo. Cuando éste se calienta por encima de 573ºC, se transforma en β –cuarzo, con una dilatación lineal del 1,35%. Esta expansión, si no puede ser compensada, provoca los defectos típicos de dilatación: dartas, colas de rata, etc.

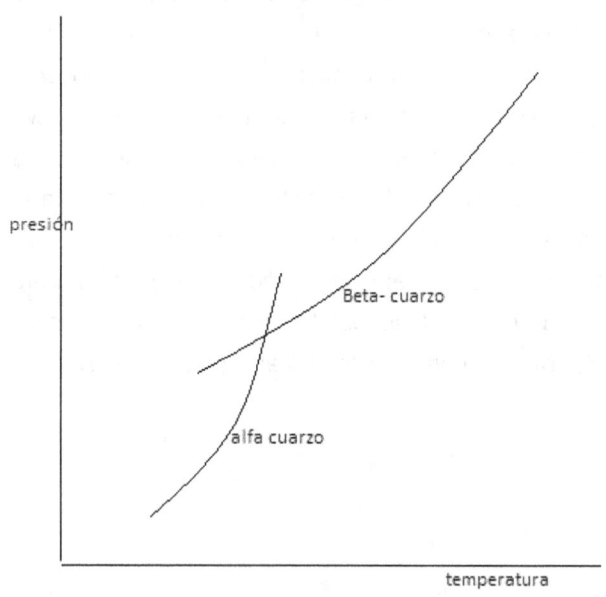

representación de las fases de la arena de sílice en función de la presión y de la temperatura

Acabado superficial

Cuanto más fina es una arena, mejor es el cavado superficial. También podemos decir que cuanto más permeable sea una arena, más basta es la superficie de la pieza.

Materiales impalpables o arcilla AFS:
son todas aquellas partículas de arena cuyo diámetro es inferior a 20 micras, con independencia de su composición química. Tales partículas sedimentan en el seno de una suspensión acuosa a 15 ºC.

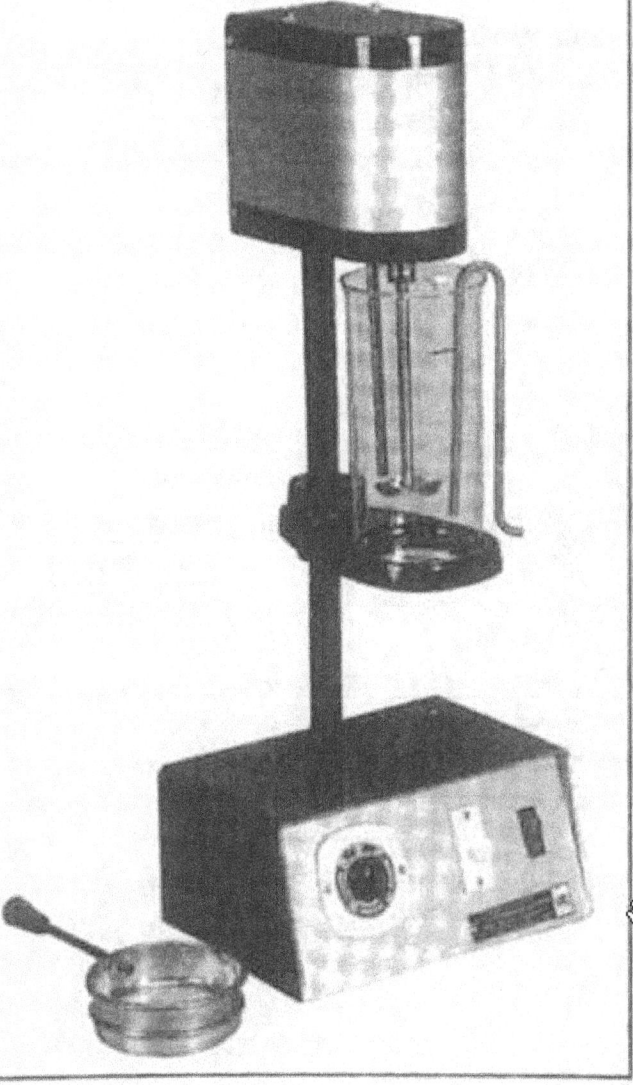

Principles of foundry technology P.L. Jain p.59 fig3.3 Tata Mc Graw Hill Education

Decantar (en este caso): quitar la arcilla ya separada de la sílice

Por tanto, el contenido en arcilla AFS se determina agitando enérgicamente durante 10 min, 20 gr. De arena seca, mezclados con solución hirviente de sosa caústica o de pirofosfato sódico, para separa los granos de sílice de la arcilla que los envuelve. Se deja en reposo unos 5 min y, con un sifón normalizado, se decanta la solución con las partículas de arcilla en suspensión. Se repetiría el proceso con agua puro hasta que el líquido que sobrenadara estuviera completamente claro. Se secan los granos de sílice que quedan al fondo, se pesan, y por diferencia, se calcula el porcentaje en arcilla AFS.

Por su contenido en arcilla, las arenas se clasifican en :

Magras si es inferior al 10%

Semigrasas si oscila entre 10% y 20%

Preparación de las arenas de moldeo

Grasas entre 20 y 30% y *muy grasas* si es superior al 30%

Ejemplo: En un ensayo de humedad de arena se pesan 30gr, y, tras desecarla, el peso baja a 27,35 gr. ¿Cuál es el contenido en humedad?

Resp: 8,88%

A 20 gr de la arena seca se le ha eliminado la arcilla, pesando el residuo seco 17,85 gr. ¿Qué tipo de arena es?

Resp: arena semigrasa

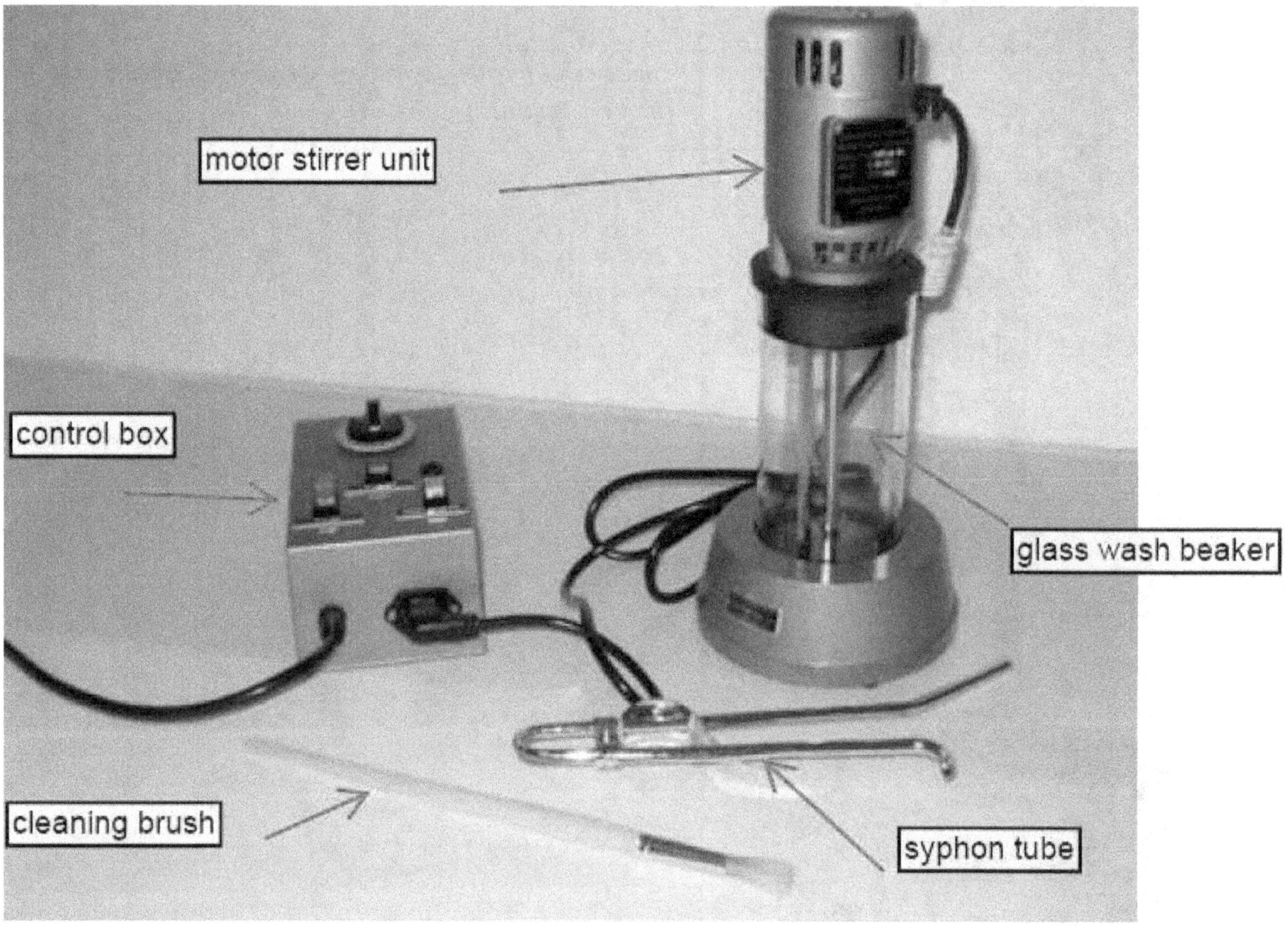

Source internet

Notas:

1) la muestra bajo test es en primer lugar secada y enfriada.
2) La solución hirviente de sosa caústica consiste en su mayoría agua (95%)+ Na(OH) (5%). Nota adicional: *sosa caústica= Na(OH). Solución de sosa caústica= agua + Na(OH)* en las proporciones indicadas.

página 2-4 "AFS ENSAYOS"

Presentación "Arenas" en carpeta "ensayos" p. 14,16

DISEÑO DE MOLDES Y MODELOS DE FUNDICIÓN Alejandro Plaza Tovar

Valor de la demanda ácida
Es el número de ml de 0,1 M HCl que se requieren para neutralizar el contenido alcalino de 50 gr de arena.

> Weigh 50 g of dry sand into a 250 ml beaker
> Add 50 ml of distilled water
> Add 50 ml of standard 0.1 M hydrochloric acid by pipette — HCl   Na(OH)
> Stir for 5 minutes
> Allow to stand for 1 hour
> Titrate with a standard solution of 0.1 M sodium hydroxide to pH values
> of 3, 4, 5, 6 and 7
> Subtract the titration values from the original volume of HCl (50 ml) to
> obtain the acid demand value

Titrate: valorar, clasificar

De este modo, lo que estamos haciendo es añadir HCl de concentración conocida a una muestra de arena suspendida en agua. El ácido reacciona con todo el contenido alcalino, dejando un exceso de HCl. El exceso lo puedo cuantificar añadiendo NaOH hasta la neutralización, siendo la demanda ácida el exceso que me haya quedado de HCl.

1-7 : ácido
8-14: alcalino

Resumen:

1º: la mezcla de arena a analizar se "alcaliniza" con hydrocloric acid (HCl)de concentración conocida

2º: se echa ácido (NaOH) hasta que neutralizo. Este ácido reacciona con el HCl.

3º: queda un exceso de HCl que no ha reaccionado. Este es el valor de la demanda ácida.

Ejemplo: tengo una muestra de 50 gr de arena y lo echo en un cubilete de 600ml de agua. Añado 100 ml de HCl (alcalinizo). Después he tenido que añadir 90 ml de NaOH para neutralizarlo. El valor de la demanda ácida es el exceso de HCl =10

El valor de la demanda ácida es muy importante para saber si será la arena compatible con los procesos de aglomeración mediante una reacción química (*Chemically bonded*)[diferenciar éste de *Green Sand* en el cual el aglomerante es arcilla y se endurece no por una reacción, sino por una ligadura mediante golpes –rammed- y no por reacción química]. La olivina, por ejemplo, tiene una muy elevada demanda ácida y no es apropiada para el uso con catalizadores aglomerantes ácidos como las resinas furánicas (se verá en el tema correspondiente)

0.1M HCl" what does the 'M' mean?

Molarity is the number of moles of solute dissolved in one liter of solution. The units, therefore are moles per liter, specifically it's moles of solute per liter of solution. Rather than writing out moles per liter, these units are abbreviated as M or M. We use a capital M with a line under it or a capital M written in italics. So when you see M or M it stands for molarity, and it means moles per liter (not just moles).You must be very careful to distinguish between moles and molarity. "Moles" measures the amount or quantity of material you have; "molarity" measures the concentration of that material. So when you're given a problem or some information that says the concentration of the solution is 0.1 M that means that it has 0.1 mole for every liter of solution; it does not mean that it is 0.1 moles. Please be sure to make that distinction

Resistencia mecánica: tracción, compresión/deformabilidad, cizalladura, flexión
Tracción
Es necesario que las arenas resistan por cohesión los esfuerzos que se originan durante la manipulación de los moldes y los que se originan en la colada, por la presión metalostática. La resistencia la puedo medir mediante un ensayo de tracción sobre una probeta normalizada de arena verde.

La probeta es sujetada mediante mordazas y se somete a un esfuerzo de tracción progresivamente creciente, hasta la rotura.

La tensión de rotura es $\sigma_r = F_{max}/S$ [MPa]

S es la sección mínima de la probeta (5 cm^3)

Compresión/deformabilidad

La probeta se coloca entre dos mordazas planas y se somete a una carga, hasta que se desmorona. La *deformabilidad* viene dada por la disminución de longitud que experimenta la probeta hasta la rotura. Se expresa en % y se mide con un reloj comparador.

La resistencia unitaria es $\sigma_{co} = F_{max}/S$ [MPa]

The sand simple, as prepared by a standard sand rammer is placed in a holder and squeezed mechanically until it breaks. La fuerza aplicada durante el apisonado es mostrada mediante un indicador. La fuerza registrada justo en el momento de la rotura es la resistencia mecánica a la compresión.

Aparatos de ensayos para Arenas de moldeo y machos Simpson Technologies aparato universal para ensayos de resistencias

www.simpsongroup.com

Principles of foundry technology P.L. Jain p.65, fig.3.10 Tata Mc Graw Hill Education

Cizalladura

En este caso, la probeta se coloca entre dos mordazas escalonadas, que producen su rotura por corte en el sentido longitudinal al eje de la probeta.

La tensión tangencial de rotura es

$$\sigma_t = \frac{F_{max}}{S}$$

S es la sección longitudinal ($25 cm^2$)

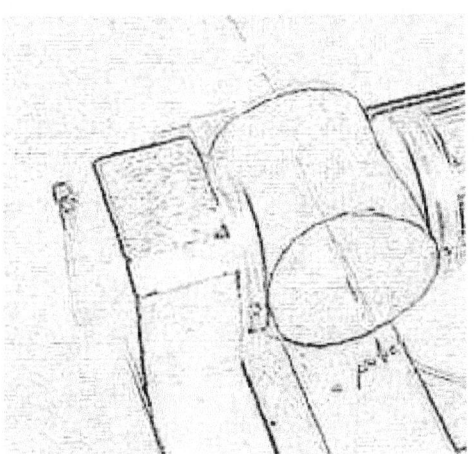

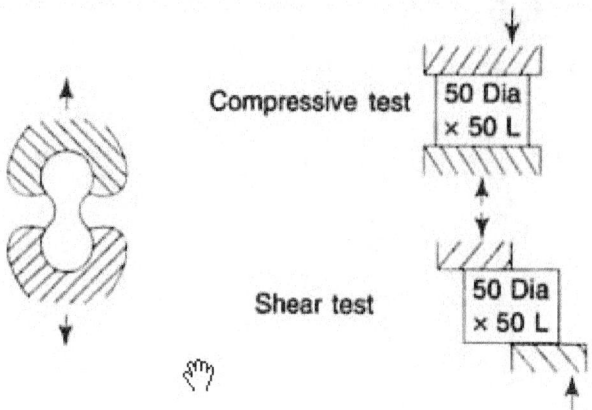

Principles of foundry technology P.L. Jain p.65, fig.3.10 Tata Mc Graw Hill Education

Fig. 3.12 *Sand strength tester (hydraulic type) with dry strength attachment*

Principles of foundry technology P.L. Jain p.66 Tata Mc Graw Hill Education

Shatter test: también es una medida de la Resistencia de la arena, en particular nos mide la Resistencia al manejo y las sacudidas que tienen lugar durante el mismo, y también la resistencia de la arena durante la retirada del modelo.

El aparato que nos mide el *shatter index* tiene un lugar para colocar la muestra de arena para que ésta caiga desde una determinada altura sobre un yunque de acero. Las piezas del espécimen (ya caído, desmoronado) son colocadas en una malla especial de 12mm de apertura. Se mide la proporción de arena que se mantiene en la malla respecto a la que ha pasado. No nos interesa tener valores muy altos ni tampoco muy bajos.

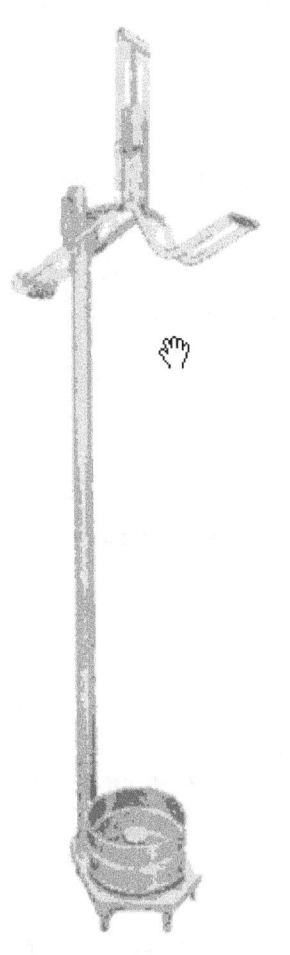

Principles of foundry technology P.L. Jain p.67, fig.3.14 Tata Mc Graw Hill Education

Fig. 3.14 *Shatter index tester*

Flexión

Se realiza sobre una probeta de forma alargada apoyada en sus extremos y la carga concentrada, actúa en el centro.

La resistencia unitaria a la flexión viene dada por la fórmula

$$\sigma_t = \frac{6F_{max} \cdot L}{4a^3}$$

Donde F_{max} es la fuerza de rotura

L es la distancia entre apoyos (150 mm)

a es la longitud del lado de la sección de la probeta (22,4 mm)

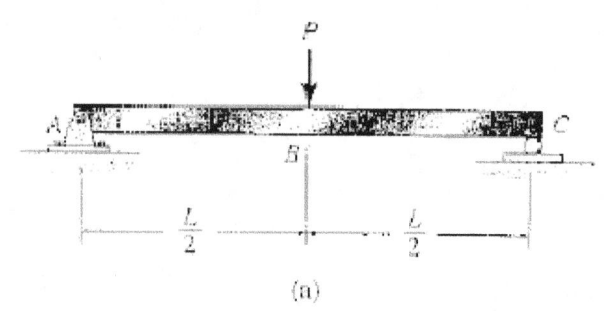

indicaremos la demostración

Mecánica de Materiales. R.C. Hibbeler. 3ª ed. Ed. Pearson (Prentice Hall), pág. 258

1º hallo las reacciones exteriores en los apoyos basado en el equilibrio del sistema de toda a viga (quitando los apoyos y sustituyéndolos por sus reacciones)

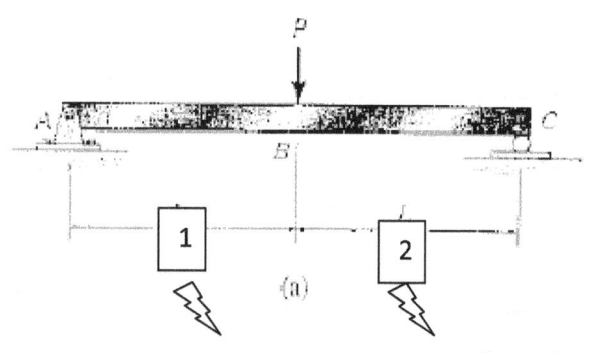

2º Necesito 2 tramos en donde aplicar el equilibrio,

Mecánica de Materiales. R.C. Hibbeler. 3ª ed. Ed. Pearson (Prentice Hall), pág. 259

Corte hasta 1:

representa todas las fuerzas y momentos exteriores hasta 1, en el corte dibujo las fuerzas y momentos internos según el convenio positivo, y aplico equilibrio para todo ese tramo, comenzando por hallar V (equilibrio de fuerzas en y) y después aplicando equilibrio de momentos respecto del punto en el cual he realizado el corte.

Mecánica de Materiales. R.C. Hibbeler. 3ª ed. Ed. Pearson (Prentice Hall), pág. 259

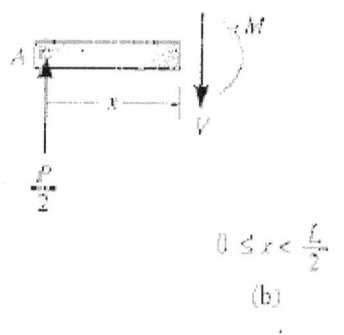

Corte hasta 2:

Mecánica de Materiales. R.C. Hibbeler. 3ª ed. Ed. Pearson (Prentice Hall), pág. 25

Resultados según el convenio de signos:

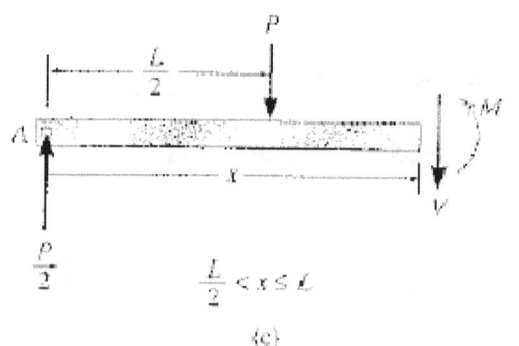

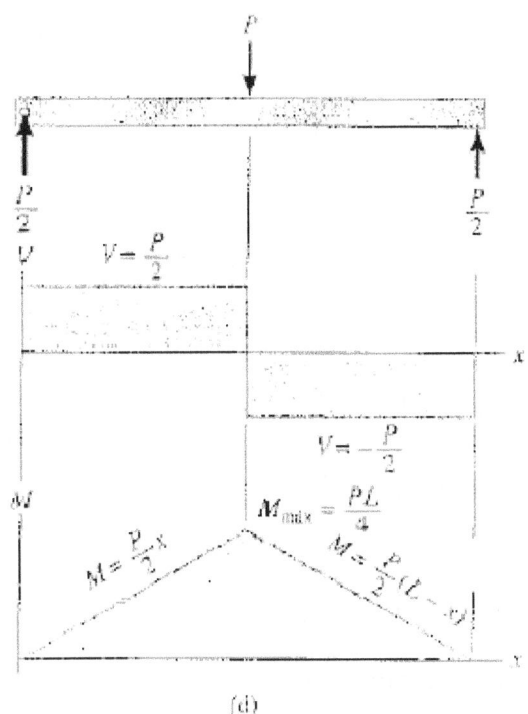

Mecánica de Materiales. R.C. Hibbeler. 3ª ed. Ed. Pearson (Prentice Hall), pág. 259

A mayor cantidad de bentonita, mayor resistencia de la arena. Pero para una misma cantidad de bentonita, tendré mayor resistencia si los granos de arena son más finos, y tendré aún mayor resistencia si tengo una combinación de tamaño de granos.

 *brochure 12 y ss.*

Hay que tener en cuenta que la presión sobre la superficie del molde se incrementa con la altura del casting. En los casos del dibujo el (a) requiere una arena de moldeo más resistente.

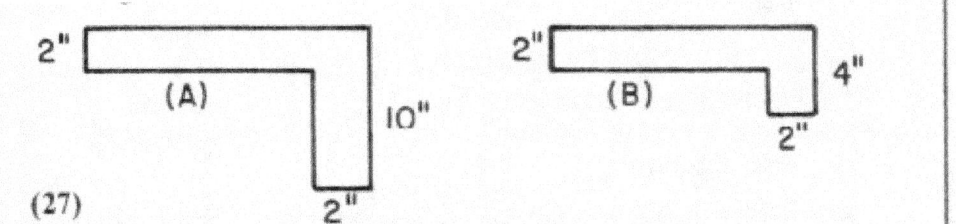

Fundamental molding sand technology cast metals technology series AFS p7

Courtesy American Foundry Society, 1973, 2008, Schaumburg, Illinois USA (www.afsinc.org)

Contenido de humedad

Es la cantidad de agua que se evapora por encima de los 100 ºC. Se obtiene la cantidad expresada en % y sobre una muestra de 20 gr de arena, simplemente pesando la muestra antes y después del secado en estufa o mediante lámpara de infrarrojos.

Otra forma menos "pesada" de hallar en contenido de humedad es agitando en un aparato especial, arena y carburo de calcio. El porcentaje de arena se mide en un manómetro, en función de la presión del acetileno liberado.

Preparación de las arenas de moldeo

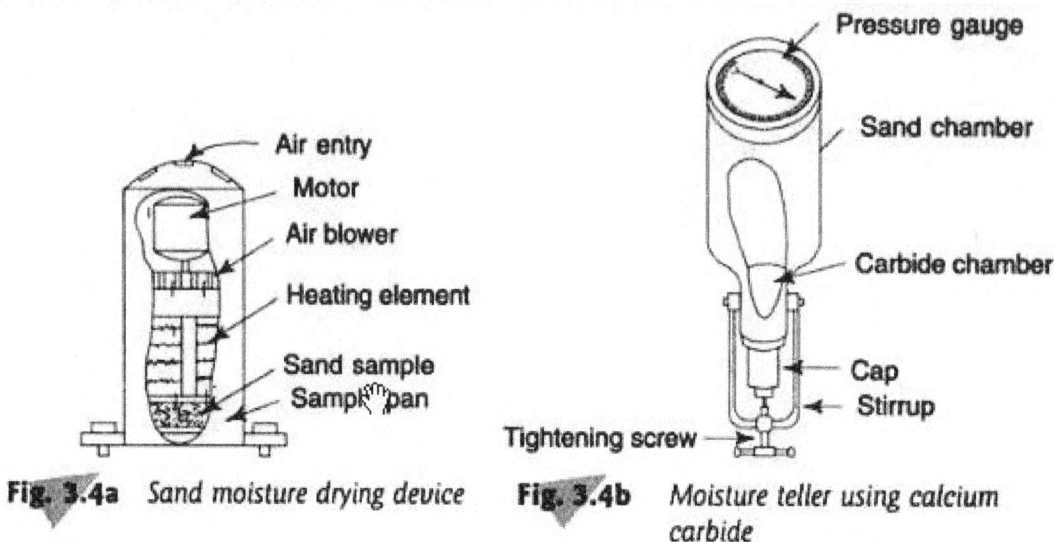

Fig. 3.4a Sand moisture drying device   Fig. 3.4b Moisture teller using calcium carbide

Principles of foundry technology P.L. Jain p.61 fig. 3.4.a y 3.4.b Tata Mc Graw Hill Education

El *carburo de calcio* es una sustancia sólida de color grisáceo que reacciona exotérmicamente con el agua para dar cal apagada (hidróxido de calcio $Ca(OH)_2$) y acetileno H_2C_2

Nota histórica: el carburo de calcio fue muy utilizado en las llamadas lámparas de carburo, o lámpara de gas acetileno. El proceso era el siguiente: la lámpara se llenaba de agua, después se introducía el carburo de calcio que generaba acetileno al reaccionar con el agua, después se encendía y el acetileno H_2C_2 prendía, generando luz. Quedaba un residuo de óxido de calcio CaO convertido en hidróxido de calcio $Ca(OH)_2$, debido a la presencia de agua

$$CaC_2 + 2H_2O \rightarrow C_2H_2 + Ca(OH)_2$$

práctica número 7, "prácticas fundición arena"

brochure pág. 18

Nota: water performs the basic function of making the bonding clay plastic, which allows it to adhere to the sand grins and adhere to itself when compaction pressure is applied.

2.- Aglomerantes arcillosos

La arena, por sí sola, no tiene cohesión para conservar una determinada forma una vez separada del modelo. Por ello, se utilizan los aglomerantes, que mantienen unidos entre sí los granos de arena permitiendo que la forma del molde sea una reproducción fiel del modelo.

La mayor parte de las arenas de moldeo están impregnadas con arcilla. Las arenas naturales contienen ya el aglutinante, que según el origen del yacimiento, suele estar constituido por mezclas de caolinita, illita y glauconita. En las arenas sintéticas, el aglomerante suele ser bentonita.

Cuando vimos la clasificación de las arenas vimos que las más usadas eran las sintéticas, en donde apenas tienen aglutinante de arcilla de forma natural, sino que este (bentonita) se añade en las proporciones adecuadas. Así controlo mejor las propiedades y la regeneración (recuperación) de la arena es más sencilla y barata (añadir una pequeña cantidad de arena y la bentonita usada)

La diferencia entre las bentonitas (que aun siendo una arcilla especial) y las mismas arcillas comunes es que la bentonita tiene un poder de absorción de agua mucho mayor y el poder de aglutinante es siempre al menos el doble que las arcillas comunes

2.1. Bentonitas

La bentonita se utiliza para incrementar la unión entre los granos de arena pero sobre todo para darle características plásticas. El vínculo entre la bentonita y la arena se realiza mediante la adición de agua. La bentonita se contrae volumétricamente compensando la expansión de la arena con el fundido. Hay dos tipos de bentonita: la sódica y la cálcica.

La recuperación de las bentonitas depende de la temperatura de moldeo. Si ésta es demasiado elevada, ya no se podrá replasterizar mediante la adición de agua.

La cantidad de agua que he de añadir ha de ser la justa para producir el bond con la arena, y darle plasticidad. Agua de más únicamente estará en exceso y nos reducirá la resistencia a la cizalladura de la arena.

Las bentonitas sódicas absorben mayor cantidad de agua que las arcillas ácidas (catión hidrógeno) y que las bentonitas cálcicas, por este orden. Presenta generalmente altas temperaturas de fusión y alta resistencia en seco y poca en verde, baja plasticidad, es más duradera, reduce las formaciones de costras en el moldeo final, requiere más agua y es más difícil de mezclar (por la capacidad de absorción de agua).

Bentonita sódica (western bentonite): increases *hot* strength (puring pouring, mold filling, and solidification)

Con la bentonita cálcica se obtiene mejores características mecánicas que con la bentonita sódica en la arena preparada, pero a pesar de todo son preferidas éstas sobre aquellas. Es una arcilla fuertemente cohesionada, presenta alta resistencia en verde, mejor colapsabilidad, reduce el número de moldes cuarteados, es más quebradiza, tiene pobre resistencia a la tracción, es más sensible ala humedad y menos durable.

Bentonita cálcica (southernbentonite) increases *green* strength (molding, core setting and mold closing) [all of these *prior* to pouring]

Como hemos indicado, las arcillas nos proporcionan cohesión y plasticidad a la arena al absorber una cierta cantidad de agua. Sin embargo, si la cantidad de agua es excesiva nos disminuye la capacidad de cohesión.

La bentonita *southern* tiene mejores propiedades de desmoldeo que la *western*.

Nota: como las bentonitas sódicas y cálcicas tienen propiedades "opuestas" o "complementarias" lo ideal y habitual es mezclar las dos bentonitas de forma que se obtienen las mejores propiedades de cada una.

2.2. arcillas caolíniticas

Son comúnmente llamadas *fireclays*. Responden a la fórmula $Si_4Al_4O_{10}(OH)_8$. (constituyente básico es el silicato de aluminio).

Tienen un elevado poder refractario (resisten hasta 1500ºC) se contraen muy poco y su poder aglomerante es variable. (aunque podemos decir relativamente bajo). Gran plasticidad en presencia de agua.

Las bentonitas han prácticamente remplazado las *fireclays* como aglomerante principal de la arena.

Para empezar, tienen mayor poder de aglomeración y el *ramming* (la compactación) ha de ser más cuidadosamente realizada mediante las *fireclays*, puesto que éstas últimas sobre compactan fácilmente y son propensas al defecto de *expansión scabbing*.

Recordemos el defecto de expansión scabbing:

Éste tenía lugar por el incremento de temperatura, que causaba la expansión de la arena. A menos que ésta pudiera ser compensada de alguna forma se produce el defecto.

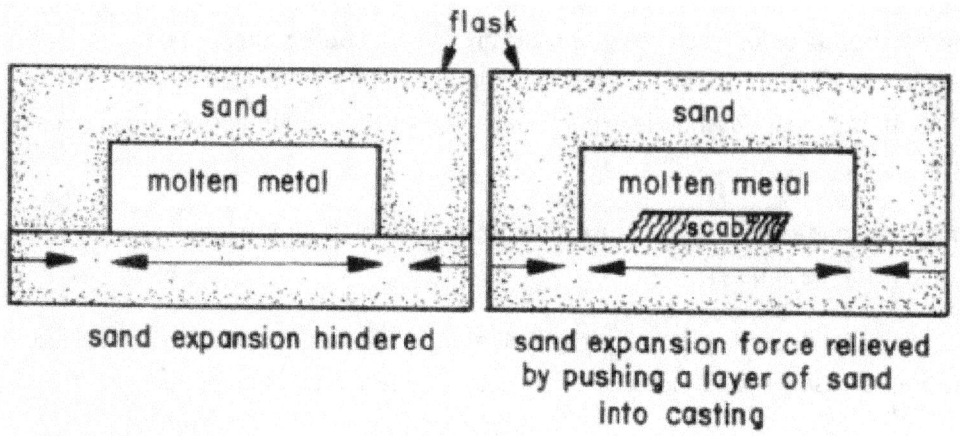

Fundamental molding sand technology cast metals technology series AFS p8

Courtesy American Foundry Society, 1973, 2008, Schaumburg, Illinois USA (www.afsinc.org)

3.- Aditivoscarbonosos

Since many additives are naturally occurring minerals, each has typical properties within a range of normal variance. Total variance in the system will be the sum of the variance in all the raw materials. Since uniformity is the ultimate goal, minimizing the number of green sand additives may result in a green sand system easier to control, as long as desired goals or results are obtained.

Los moldes para colar hierro fundido no suelen estar preparados solamente con arena, arcilla y agua, sino que deben adicionarse uno o varios aditivos carbonosos.

Las razones fundamentales para mejorar de su utilización son:

- Mejorar el acabado superficial (3)(**)
- Prevenir los defectos de expansión (*)(2)
- Mejorar las propiedades aglomerantes de la arcilla.(***)
    (*)Although silica sands are used throughout the foundry industry, they have a serious disadvantage-the expand fast when heated. At 573 ºC silica sands rapidly become much larger. Densely packed and closely graded sand can crack and distort during the rapid heating cycle. Such rapid heating, of course, occurs during the casting process. To overcome this problem, foundrymen often use cushioning agents in the sand mixture. Some of the cushioning agents used are calcium carbonate and iron oxide (from one to five percent).
    Zircon, olivine and chromite sand do not present the same problem of thermal expansion as do silica sands.

Ejemplos de estos materiales son reductores (es decir, proporcionan una atmósfera pobre en O2->combustión incompleta) como el negro mineral, la brea, los aceites minerales y los derivados del poliestireno.

Otra *teoría* sobre los aditivos carbonosos es que forman una atmósfera reductora la cual *absorbe* parte del oxígeno que hay en la cavidad del molde, dejando menos oxígeno *libre* para poder formar escoria, y por tanto se forman menos defectos en las piezas terminadas. Esto también dismuniye el defecto de *burn in*.

(**)thermal decomposition of carbón deposits a lustrous carbón, or pyrolitic graphite, in the internal mold surface.

(***)coking causes the fixed carbon to become plastic and swell, filling the voids between sand grains.

Ejemplos de (1):

      Carbons: seacoal (coal dust), asphalt, gilsonite.

Estos materiales forman compuestos de *tarlike* que cuando son curados actúan como vínculos (aglometrantes) a altas temperaturas (cuando se produce el calentamiento de la arena es cuando se produce su curado e incrementan la unión). Además el *seacoal* transforma a *coke* con el calor (llegada del fundido), lo cual incrementa 3 veces su volumen, rellenando los huecos de la arena. Sin embargo, hay que tener cuidado en su utilización, ya que su exceso nos podría provocar demasiados gases, por ejemplo.

Scab: ver este mismo document pág. 2

Ejemplos de (2):

      Cellulose: Woof flour, cob flour, ground salnut shells [también mejoran la flowability of the sand and the shakeout.]

      Cereals: corn flour, wheat flour, etc.

When using such materials, the foundryman must keep in mind that some of them have underisrable properties, such as shorter storage life.

El mecanismo de protección del grano actúa de la siguiente forma:

- A unos 100ºC comienza el desprendimiento de gas, lentamente al principio y rápidamente cuando se alcanza la temperatura de reblandecimiento del negro mineral.
- Durante este reblandecimiento tiene lugar la dilatación del carbón que penetra en lo espacios vacíos y se coquiza, limitando la penetración del metal.
- Se forma una capa de carbono brillante que impide la reacción del metal con el molde.

Lo siguiente ya lo hemos comentado muchas veces: una capa superficial o *wash* es usada para rellenar los huecos de la superficie de a arena, evitar el burn-in, y mejorar el acabado superficial. Para aplicar estos aditivos carbonosos, sus partículas se suspenden en agua, alcohol, etc. que pueden ser aplicados mediante spray o brocha y después deben ser secados para que queden de nuevo únicamente sus partículas tras su deposición

La superficie de arena que me dará mejor acabado superficial es la A.

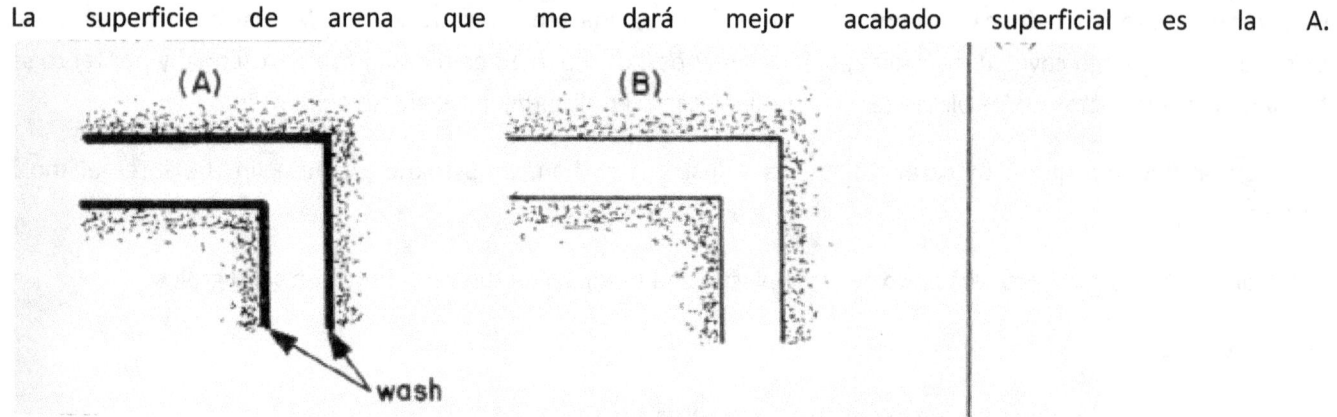

Fundamental molding sand technology cast metals technology series AFS p21

Courtesy American Foundry Society, 1973, 2008, Schaumburg, Illinois USA (www.afsinc.org)

4.- Agua.

Su presencia es imprescindible para que la bentonita pueda desarrollar sus propiedades plásticas. Cuando por el calor se elimina esta capa, la bentonita pierde su acción aglutinante y se transforma en arcilla inactiva.

Si añado más cantidad de aguade la necesaria, se producen dificultades de desmoldeo, se evapora a menor temperatura que el agua correctamente ligada a la bentonita y, por tanto, produce más gases en el momento de la colada, con el consiguiente riesgo de aparición de sopladuras en las piezas.

Porcentajes de agua en donde se produce el cambio de polvo frágil a un gel plástico (según voy adicionando agua) [todo aproximado]

	Wester bentonita	Southern bentonita	Fireclay
Frágil, polvo	Menos del 27% agua	Menos del 31% agua	Menos 15,5% agua
Gel plástico	Por encima del 27% agua	Por encima 31% agua	Por encima 15,5% agua

No vamos a repetir ahora que la mejor resistencia se produce en la menor cantidad de agua que me mejora la plasticidad de la arena, por encima de ella, es agua en exceso y se reduce la resistencia. Sin embargo, con muy poca cantidad de agua, no he conseguido el vínculo suficiente y la arena seguirá desmoronándose

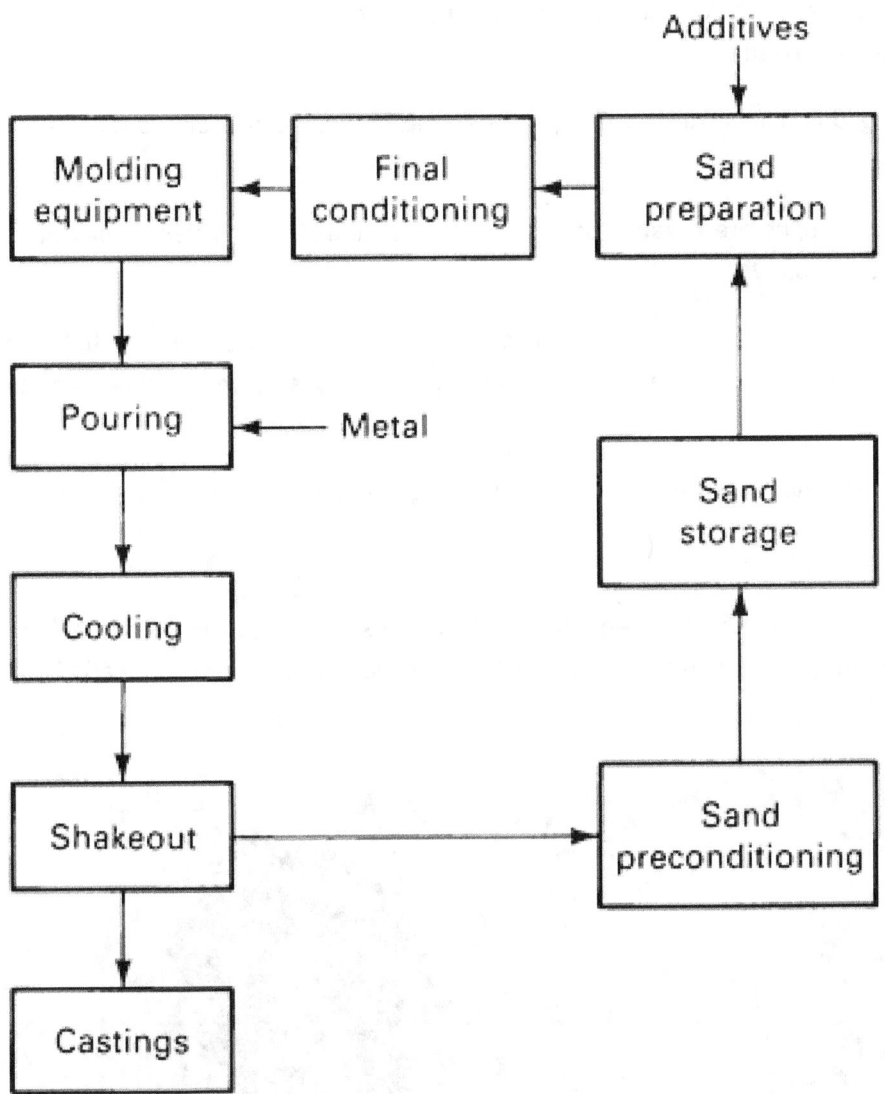

Fig. 11 Flow chart of a metal casting system

Asm Metalshandbook vol 15. Casting p.745 fig.11

TIPOS DE ARENAS DE MOLDEO

[Recordad en el tema de preparación de arenas lo siguiente]

- Prevenir los defectos de expansión (*)

  (*)Although silica sands are used throughout the foundry industry, they have a serious disadvantage-the expand fast when heated. At 573 ºC silica sands rapidly become much larger. Densely packed and closely graded sand can crack and distort during the rapid heating cycle. Such rapid heating, of course, occurs during the casting process. To overcome this problem, foundrymen often use cushioning agents in the sand mixture. Some of the cushioning agents used are calcium carbonate and iron oxide (from one to five percent).

  Zircon, olivine and chromite sand do not present the same problem of thermal expansion as do silica sands.

Las solicitaciones a que se ve sometido un molde de arena silícica sobrepasan en ocasiones las propiedades que posee dicha arena. Esto puede ser debido a exceso de temperatura, a ciertas reacciones químicas (metal-molde) o a cualquier otra circunstancia derivada de la operación de colada.

Entonces nos vemos obligados a recurrir a otro tipo de arenas que tengan mejoradas las propiedades que solicitamos.

Por ejemplo, como hemos dicho, no presentan el problema de expansión térmica y tienen más alta densidad y un grano más fino que las silica sands.

Sometimes the foundryman combines core sands. For example, he may ram (apisionar) the bulk of the core with normal core sand (silica) and form special areas in chromite sand. (Ahorro, sólo arenas especiales en las zonas en que se necesitan).

Entre las arenas distintas a las silícicas nos encontramos con las siguientes:

Zirconita

Basada en silicato de zirconio ZrO_2SiO_2. Alta refractariedad y baja expansión térmica. Compatible con todos los sitemas de ligado (biders) y muy eficaz con ellos (alta resistencia a poca cantidad de ligante añadido)

Source: internet

Uso: piezas de acero de mucha masa y de gran superficie de contacto con el caldo

Es una arena cara por lo que su uso queda restringido a piezas especiales.

Cromita:

Tiene un gran poder de absorción de calor (gran trasferencia térmica-high termal conductivity-), por lo que se emplea en zonas donde interesa que se enfríe el acero antes que otras, como pueden ser las zonas de gran masa, evitando además problemas de refractariedad.

Chromite (C_2O_3) is the principal ingredient of chromite sand, while SiO_2 is the ingredient having the lowest percentage (1,5%). Las propiedades son similares a la zirconita pero es menos compatible con alguno de los sistemas ligantes (binders)

Besides being stable, chromite sand resist metal penetration well. Because of its good stability and strong resistance to metal penetration, chromite sand is often used to manufacture heavy-section castings in steel foundries.

Olivina:

Se emplea para el moldeo de los aceros al manganeso, en piezas que deben resisitir al desgaste, puesto que la arena silícica reacciona con este tipo de acero originando una superficie muy rugosa en las piezas.

Es una arena utilizada en aquellos moldes que pueden dar lugar a defectos de dartas(D231). Dado que presenta pequeña dilatación, es la arena más empleada en éste tipo de moldes.(defectos de expansión por cambio de fase en la arena). Al emplearse en acero al manganeso (12-14%) se observan en las piezas una especie de ondulaciones superficiales.

Es debido a los cristales de agua que acompañan a esta arena, que hacen que el acero en contacto con ellas se enfría más rápidamente que el resto del acero.

Calentando la arena a 800ºC desaparece el agua de cristalización, aunque por su costo, sólo se realiza en piezas de alto valor añadido, donde la calidad está por encima de cualquier consideración económica.

Como la zirconita y la cromita tiene una baja y uniforme expansión térmica. Usada principalmente para la producción de aceros al manganeso.

Olivine sand, source internet

(*nota:* ver fotos de Metamsa para ver estas arenas en forma de moldes)

Ver videos metal casting at home 6,26,

REGENERACIÓN DE LAS ARENAS DE MOLDEO

Hemos visto que la arena precisa de una serie de propiedades para el correcto moldeo (fluidez, refractariedad, cohesión, plasticidad,etc.). Para conseguir todas estas características la arena ha de estar convenientemente preparada, lo cual significa:

- El aglomerante está uniformemente distribuido alrededor de los granos de arena.
- La humedad está igualmente dispersa en la mezcla de arena y controlada su cantidad.
- La arena se *airea*, lo cual causa que los granos se separan y mejoran la fluidez de la arena. (aireación supone como cuando agito un poco el plumón de mi nórdico)
- La arena está a la temperatura adecuada.
- Las partículas extrañas son separadas de la arena.

Nota punto (iii): la aireación suele ser suficiente cuando la arena no se ha deteriorado mucho y necesita poco acondicionamiento. Esto se lleva a cabo mediante unos aparatos llamados *areators* a través de los cuales la arena es agitada (whirling: sacudida, latigazo) a alta velocidad

¿por qué la reclamation?

Cuando los granos de arena son usados muchas veces sin la consiguiente recuperación, las capas de aglomerante se van superponiendo unas con las anteriores, lo cual puede causar fallo cuando el metal fundido se vierte, incluso si se hubiera añadido nuevo aglomerante. Esto es similar a cuando una superficie se pinta muchas veces y se empieza a "pelar".

Los tres métodos de recuperación de arena son los siguientes:

-<u>térmico</u>: mediante el calentamiento por encima de los 1200 F. No aplicable a arenas aglomeradas por aglutinante arcilloso.

-<u>húmedo</u>: mediante el desgaste abrasivo de los recubrimientos de arcilla antiguos mientras los granos están suspendidos en agua.

- <u>seco</u>: mediante abrasión cuando los granos de arena están suspendidos en una corriente de aire (*air blast*)

Air blast: ajetofairproducedmechanically.

Lo que más se pierde en cada uso son partículas pequeñas de arena y también la arcilla. Para recuperar la arena es necesario, por tanto, reemplazar las partículas de arena pequeñas gastadas y también la arcilla. La recuperación de la arcilla consiste en quitar todo el recubrimiento de arcilla que aglutina los granos de arena.

Acondicionamiento de la arena de moldeo

La arena sintética (ver tema anterior) se acondiciona de la siguiente forma: se le añade arcilla y agua, por este orden. (de la misma forma que n una hormigonera). Antes de añadir el agua, se procede al mulling (amasaje) de la arena con la arcilla. No me he de pasar en el tiempo dedicado a este fin o se producirá un mezclado que nos incrementará la rigidez de tal forma que se disminuirá la moldeabilidad. (de la misma forma que al batir demasiado un puré se espesa mucho). Si se añadieran aditivos carbonosos, esto se haría lo más tarde posible, después de una perfecta distribución de la arcilla y agua.

Coal dust /Wood flour: aditivos carbonosos

The *bench life* of a foundry sand is the time throughout which the sand is workable

La recuperación de la arena consiste en recuperar sus condiciones iniciales, mediante un mínimo de adición de arena nueva. Si no realizase la recuperación de la arena, el coste de la arena en sí, y el de su transporte, harían inviable este tipo de proceso industrial.

En principio primero tendré que retirar el molde de la arena, la cual se habrá quedado en forma de *lumps*, que son como aglomerados de arena, como cuando tengo una bola de nieve. Estos lumps los tendré que romper de forma que recupere los granos individuales y quite como he indicado en otras ocasiones el binder (bond coating) que recubre los granos. Por tanto, las etapas principales de la recuperación de arena son:

1.Rotura de los *sand lumps*

2.Retirar el aglomerante de las superficies del grano

Si las arenas están cohesionadas mediante aditivos de naturaleza química (reacción *quimically bonded*) es más complicado y puede requerir frotado(limpiado, pulido) en húmedo, procesos térmicos o trituración mecánica.

ver documento "extra" "scrubbers-thermal reclam"

Naturalmente es mucho más fácil separar los recubrimientos de las arenas tratadas con arcilla que con otro tipo de binder, simplemente hemos de tener un dispositivo para romper los lumps después del secado, seguido de un tamiz rotativo para quitar la arcilla (fines) en exceso. Sin embargo, los ligantes de tipo químico necesitan un tratamiento químico, térmico, etc. más agresivo para quitarlos.

Thermal reclamation: es el tratamiento más agresivo que involucra altas temperaturas en una atmósfera oxidante. Esto nos garantiza la combustión completa del binder para tener arena limpia.

Fig. 5 Influence of sand reclamation on the appearance of green sand. (a) After molding (no reclamation). (b) After thermal reclamation. (c) New sand.

Asm Metalshandbook vol 15. Casting p.492 fig.5

Veamos un ejemplo

(fuente) catálogo CADET

Swentiboldstraat 21,

6137 AE Sittard,
PO Box 17, 6130 AA Sittard,
The Netherlands,

Sand to be recycled is fed directly from the storage silo, by gravity, into the furnace storage tank. From there, an auger feeds it into the heating bed at a constant rate. The sand then (1) enters a fluidized bed chamber which is maintained at a temperature of 677°C by submerged tube burners, which produce a homogeneous mixture of combustion products and sand, thus ensuring excellent heat transfer. The air used in burner (2)combustion is preheated by a recuperator, which recovers heat from outgoing gases, thus helping to limit fuel consumption. The newly (3) cleaned sand is then introduced into the fluidised bed cooling chamber, where it is cooled to ambient temperature by an air-water heat exchanger. A schematic of the recycling system is shown in Figure 1.

Figure 1: Recycle system schematic.

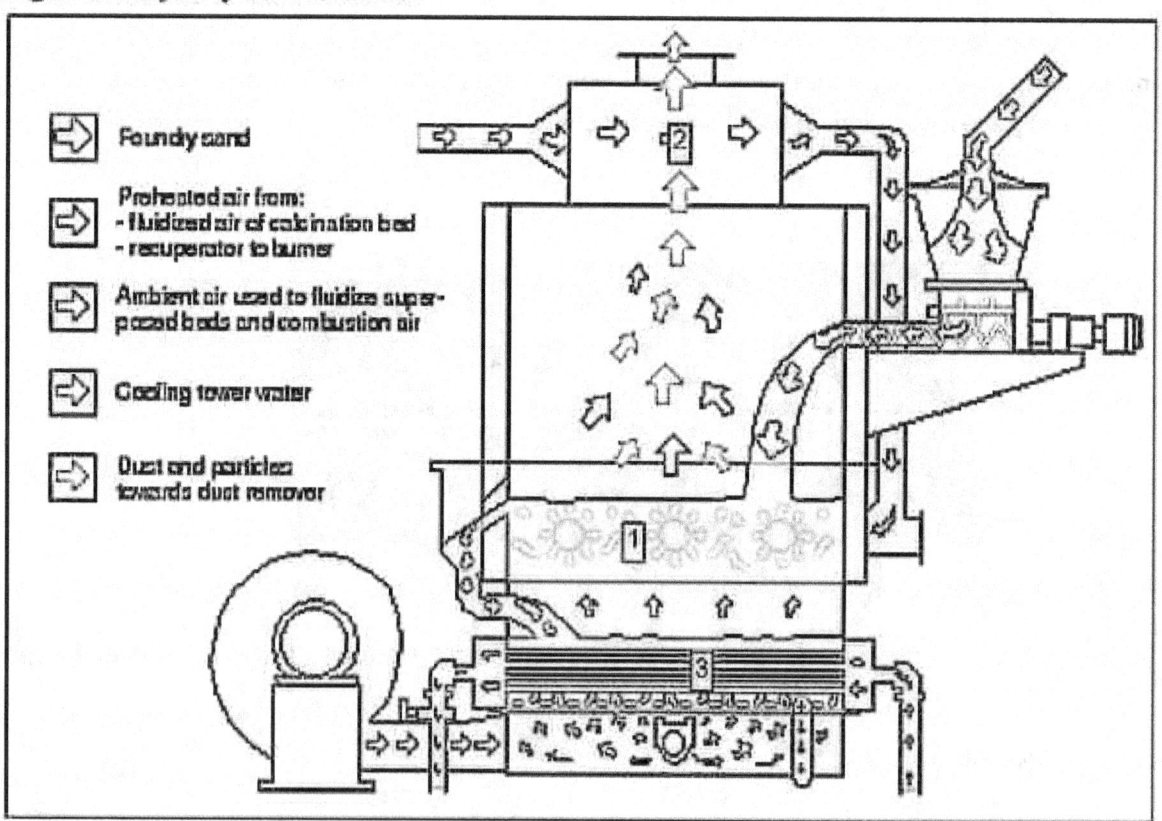

catálogo CADET

Swentiboldstraat 21,

6137 AE Sittard,
PO Box 17, 6130 AA Sittard,
TheNetherlands,

DISEÑO DE MOLDES Y MODELOS DE FUNDICIÓN Alejandro Plaza Tovar

Wetreclamation: mediante el frotado húmedo, en el cual los granos de arena suspendidos son sujetos a un vigoroso movimiento y choque mediante corrientes de agua, chorros y agitación.

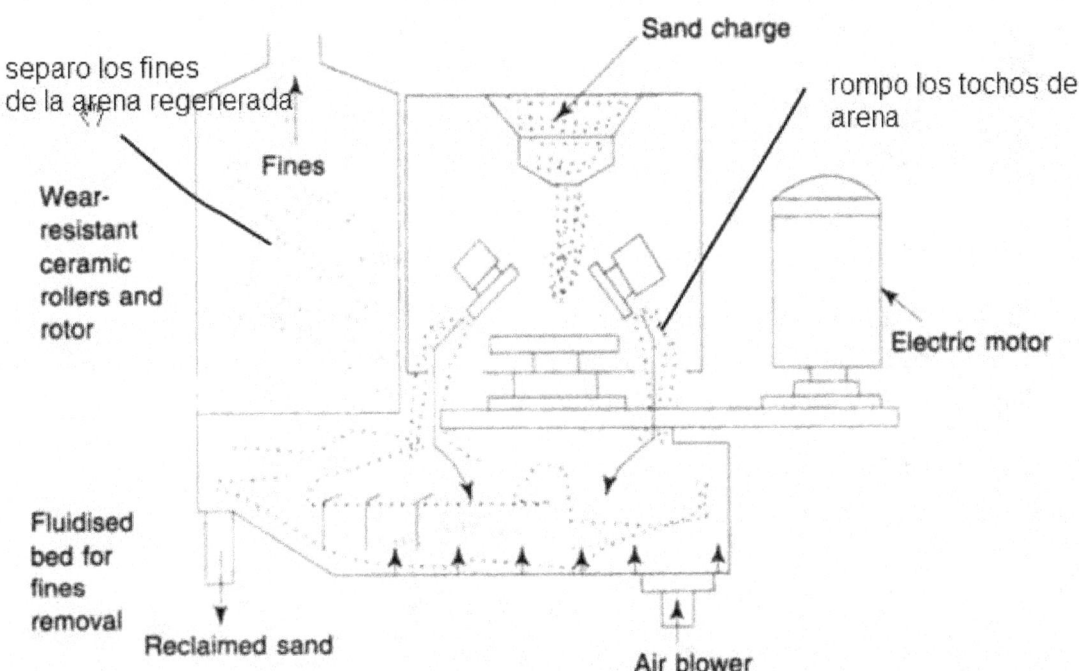

Fig. 3.26 *Diagrammatic representation of reclamation unit for chemically-bonded sands*

Principles of foundry technology P.L. Jain p.96 fig.3.26 Tata Mc Graw Hill Education

Una dificultad de este proceso es cómo trato el agua sobrante utilizada, pues se contamina. Otra desventaja a añadir es el problema de enfriamiento en las plantas del norte.

A **settling basin**, **settling pond** or **decant pond** are devices used to treat turbidity in industrial wastewater*Wet reclamation:* no económica debido a los altos costes de filtrado del agua una vez usada para la reclamation. (eviroment disposal)

Los *fines* (las arenas con grano muy fino) han de ser evitadas durante el regenero de las arenas de moldeo. Son producidas tanto en el vertido del metal fundido como en el ciclo de regeneración de la arena (al romper los "tochos" de arena)

Inactive fines normally consist of dead burnt clay, smaller coal dust particles, coked coal, ash and natural fines and thermally destroyed sand grains. *High fines percentages* increase moisture requirements, produce brittle sands, promote burn-on and lower the performance level of the bentonite. *Low amount of fines* will cause sand to be extremely sensitive to moisture variation, since many of the fines will absorb some of the free water in a sand system.

Proceso:

1.- separador de partículas metálicas y desintegración de terrones

La arena de moldeo que llega a la estación de agitado ha de estar libre de todas las partículas de hierro y materia extraña. La función del electroimán es separar las partículas de hierro (o magnéticas), puntas de alambre, y otras partículas ferrosas de la arena. El separador magnético consiste en una cinta transportadora magnetizada. Las partículas magnéticas son atraídas por la cinta mientras que la arena libre cae.

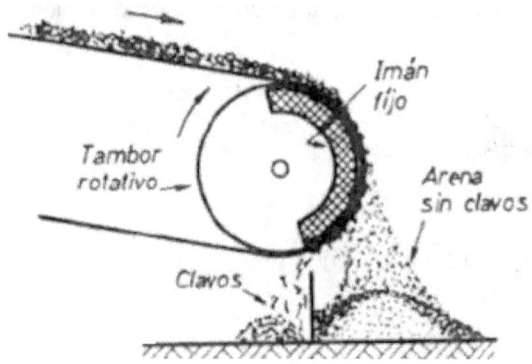

Tecnología mecánica y metrotécnia. Pedro Roca y Juan Rosique. Pág. 149, fig. 12.10 Ed. pirámide

La <u>desintegración</u> se efectúa al caer la arena sobre un desintegrador quegira a una velocidad periférica determinada y que proyecta la arena sobre unas barras móviles, rompiéndose los terrones de arena pero evitando romper los trozos de macho que se eliminan en el siguiente proceso (tamizado)

Tecnología mecánica y metrotécnia. Pedro Roca y Juan Rosique. Pág. 148, fig. 12.6

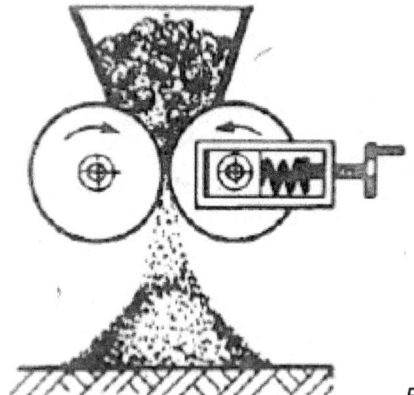

Ed. Pirámide

2.- Tamizado (*riddle*)

Misión: eliminar los

- Finos sobrantes (mediante aspiración)
- Los trozos de macho
- Los bolos y terrones de gran dimensión y dureza

Tipos de tamizadores:

- Manuales
- Mecánicos
    - Por aire comprimido
    - Mediante motores eléctricos

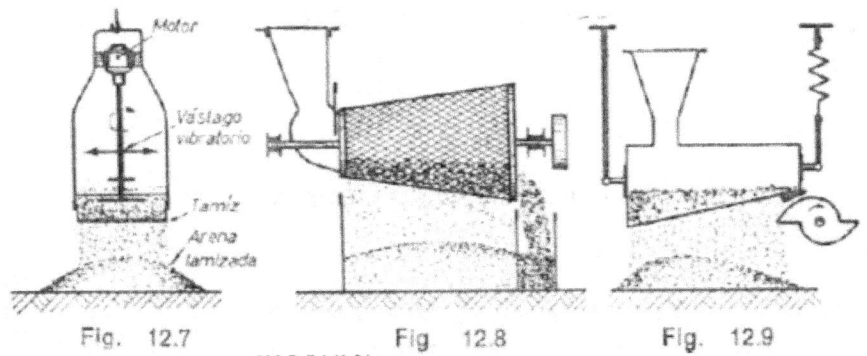

Fig. 12.7   Fig. 12.8   Fig. 12.9

Tamices vibratorios, crias de tambor vibratorio y de sacudidas

Tecnología mecánica y metrotécnia. Pedro Roca y Juan Rosique. Pág. 148, fig. 12.7, fig.12.8, fig.12.9 Ed. pirámide

¿cómo operan los tamices mecánicos? Mediante motores de aire comprimido o motores eléctricos. En el caso de aire comprimido consiste en un cilindro recíproco de aire y un tamiz conectado al final del pistón (émbolo). La acción de tamizado viene dada por la acción reciprocante del cilindro, además de una carrera de movimiento muy corta de éste. Si estuviera operado por un motor eléctrico, la acción de criba se consigue mediante el giro, y el tamiz también se ajusta mediante un *frame* al motor. Una rueda desequilibrada se ajusta al eje del motor, de forma que cuando rota, me desequilibra la rueda, lo cual causa una *wobbling* motion to the screen.

Wobble: To move or rotate with an uneven or rocking motion or unsteadily from side to side

3.- Mezclador/malaxador/amasador (*muller*)

La función del amasador consiste en distribuir los ingredientes en una mezcla homogénea. Consiste en un eje cilíndrico en el cual giran dos cilindros amasadores describiendo un círculo sobre un eje vertical de giro. También hay "paletas" que arrastran la arena y la llevan para que quede enfrentada a los cilindros amasadores.

Fig. 3.27   Sand Muller

Principles of foundry technology P.L. Jain p.97 fig.3.27

Tata Mc Graw Hill Education

Los *rollers* están ligeramente desfasados (no alineados) de tal forma que se mueven hacia el exterior y producen una acción de amasaje en la arena

Plough: paletas "quitanieves" (arrastradoras); *Plows=plough*

Smear:b. To apply by spreading or daubing: smeared suntan lotion on my face and arms.

knead (n$\bar{e}$d)
tr.v. **knead·ed, knead·ing, kneads**
1. To mix and work into a uniform mass, as by folding, pressing, and stretching with the hands: kneading dough.

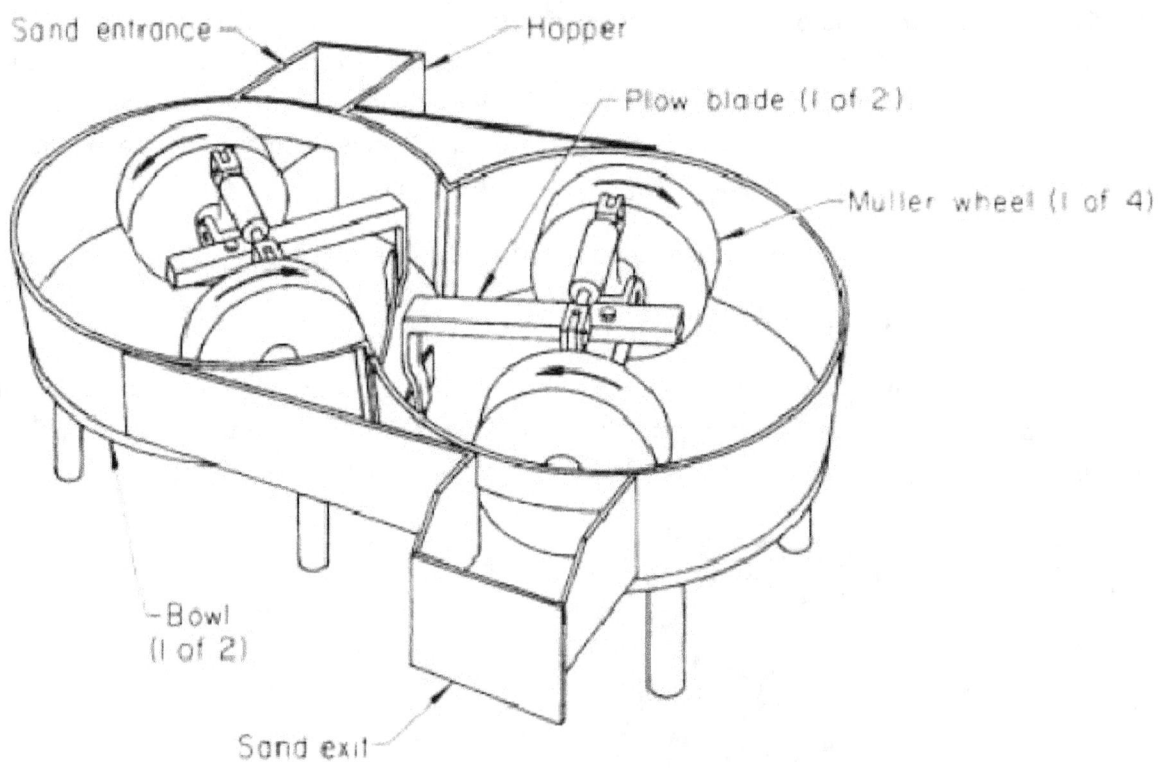

Fig. 12 Primary components of a continuous muller

Asm Metalshandbook vol 15. Casting p.746 fig.12

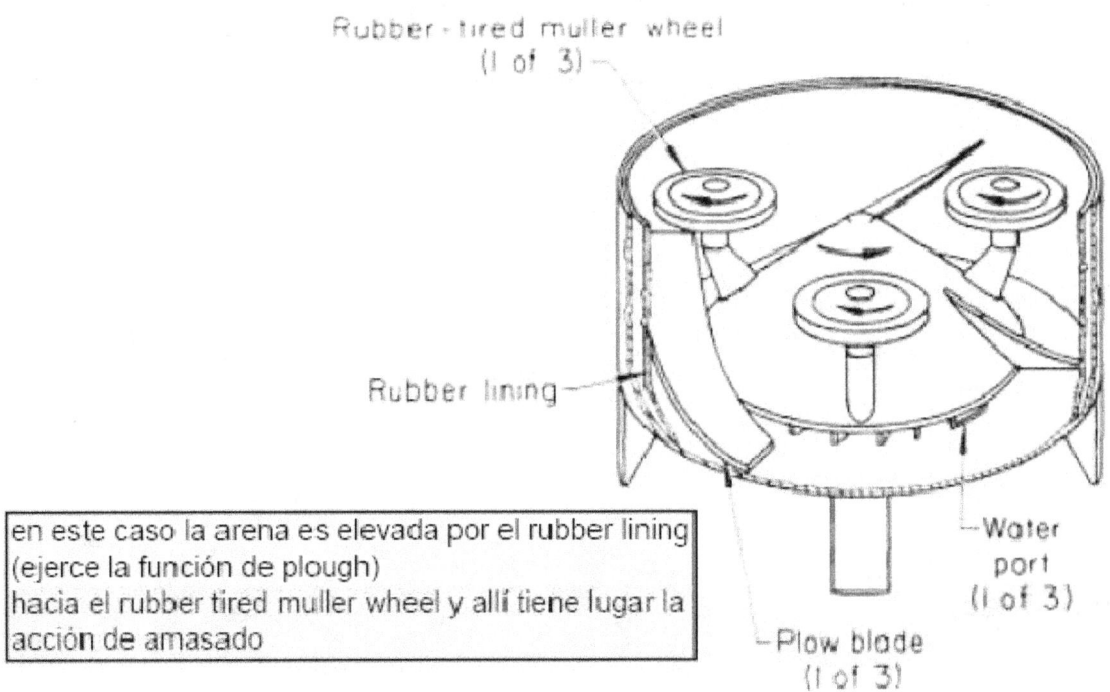

Fig. 14 High-speed batch-type muller with horizontal wheels

Asm Metalshandbook vol 15. Casting p.746 fig.14

En el muller se preparan generalmente las arenas de los machos (cores) y están preparados para humidificar el agua y suministrar los aditivos aglomerantes.

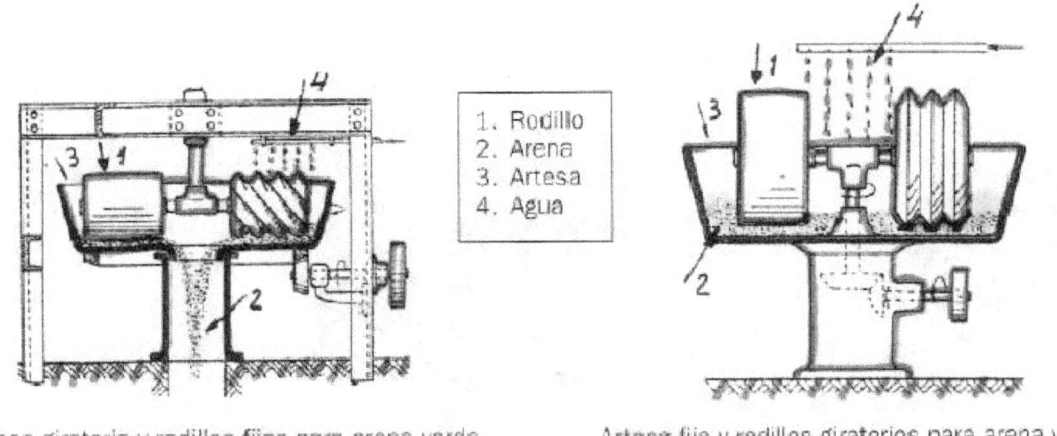

Artesa giratoria y rodillos fijos para arena verde   Artesa fija y rodillos giratorios para arena verde

Fundición de aceros moldeados Vicente Aldasoro Yarza, Martín Ibarra Murillo. Universidad Pública de Navarra, pág. 374

artesa f. Cajón que se va estrechando hacia el fondo, que se usa sobre todo para amasar el pan: hizo la masa de la empanada en una artesa de madera.

the proper sequence of additions for batch muller is to add the water to the muller first in order to flush, or wash out, any build up in the muller. The sand should be added to the muller immediately after the water addition.

(es como la hormigonera, echo al principio agua para *remover* todo resto *pegado*)

Veamos una máquina que se llama *mezcladora continua:* consta de unos depósitos donde se encuentran las resinas, catalizadores, que son dosificados por medio de unas bombas graduadas y que se aportan junto con la arena que proviene de la tolva en un tubo en cuyo interior hay unas paletas mezcladoras que girando realizan la mezcla.

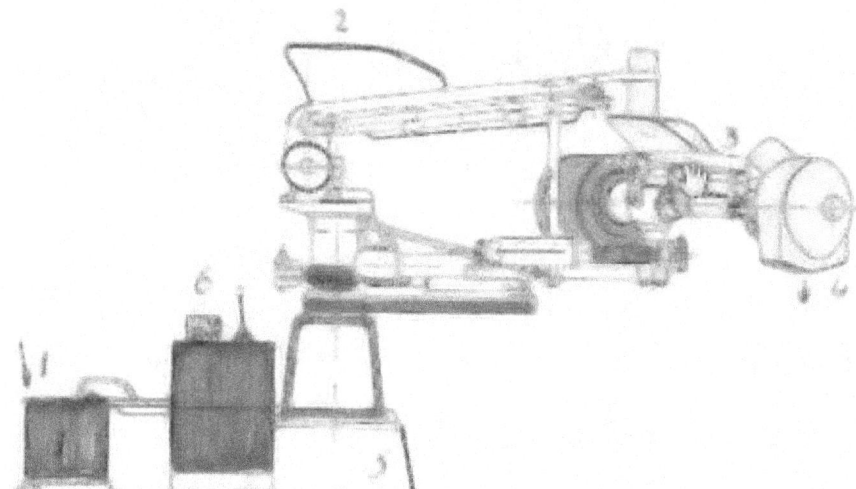

Fundición de aceros moldeados Vicente Aldasoro Yarza, Martín Ibarra Murillo. Universidad Pública de Navarra, pág. 420

4.- Aireador

Como hemos dicho la aireación de la arena (después de que es acondicionada en la amasadora (*muller*), produce que los granos de arena se separen un poco provocando que sea más fluida y por tanto se adapte al modelo. Esta acción tiene lugar después del *muller*. La capacidad de la arena de moldeo de fluir libremente en torno al patrón (modelo) y de empaquetarse es llamada fluibilidad. (ayudada a conseguir mediante los *aireators*)

Source: *internet*

 ver video /reclamation

Internet: https://www.maxoncorp.com/index.php (industrial burners)

AMPLIACIÓN

Pneumatic scrubbing

La arena es introducida por gravedad por arriba de la unidad, y fluye hacia abajo alrededor del tubo de "sacudida" (*blast tuve*). Altas cantidades de aire a baja presión fluyen desde un *blower* a través de un nozzle y eleva la arena hacia arriba del blast tuve hacia un *target plate*. Mientras suben, experimentan entré sí gran frotamiento entre ellas, y al final mediante el choque con el *target plate* se elimina el recubrimiento de binder (aglutinante), que es separado de las arenas mediante una especie de clasificación de recogida del dust. La arena ya *frotada* puede ser frotada de nuevo según el número de etapas de que conste mi instalación y el grado de inclinación de la placa deflectora.

Podemos ver un ejemplo en el catálogo EC&S BHM Pneumatic Scrubber

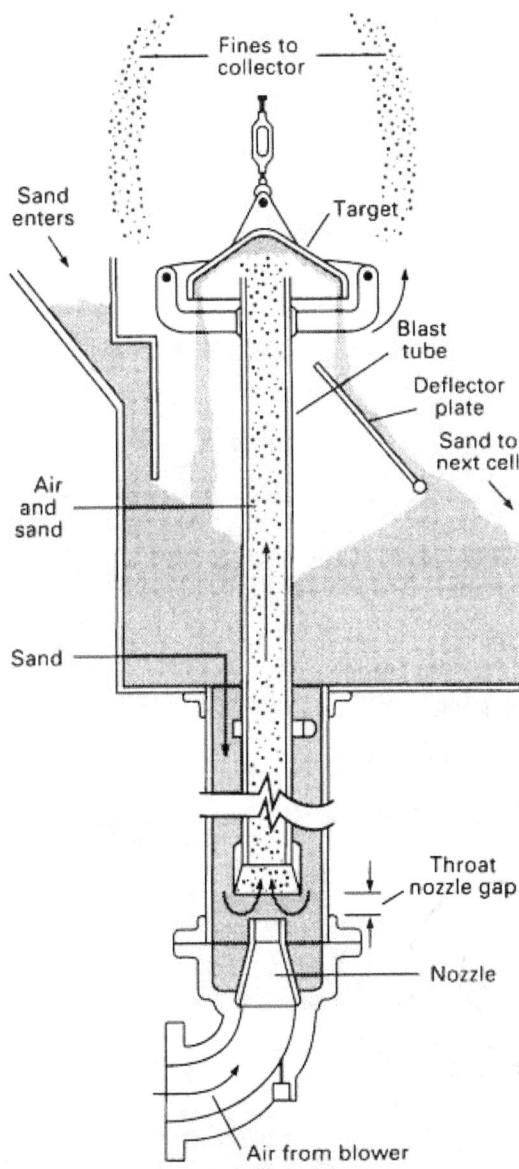

Fig. 23 One cell of a pneumatic scrubber

Asm Metalshandbook vol 15. Casting p.761 fig.23

Según la inclinación del *defector plate* la arena sale ya o vuelve a hacer el ciclo.

Attrition: a subbing away or wearing down by friction.

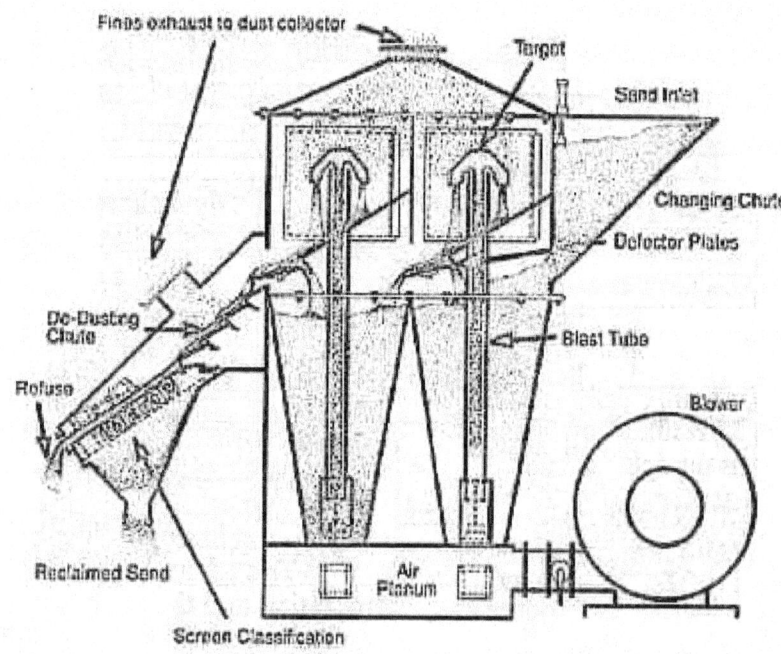

Source: internet

Mechanical scrubbing:

Hay dos tipos: horizontal y vertical. Vamos a empezar por el horizontal. La arena limpia (*crushed*, y sin metal) es alimentada hacia el centro de la unidad y lanzada contra un *target ring* a una velocidad controlada por el ventilador. En este caso la mayor cantidad de frotamiento ocurre en el impacto y no en el movimiento de la arena. Hay un *plenum* de salida que rodea el *target ring* y por el cual recoge el polvo y los aglomerantes. Estas unidades también se pueden disponer en secuencia para dar más frotamiento posterior.

Nota: neumatic scrubbing, así como horizontal mechanical scrubbing and vertical mechanical scrubbing lo podemos considerer como dry reclamation. (clasificación recordamos: dry reclamation, thermal reclamation y wet reclamation)

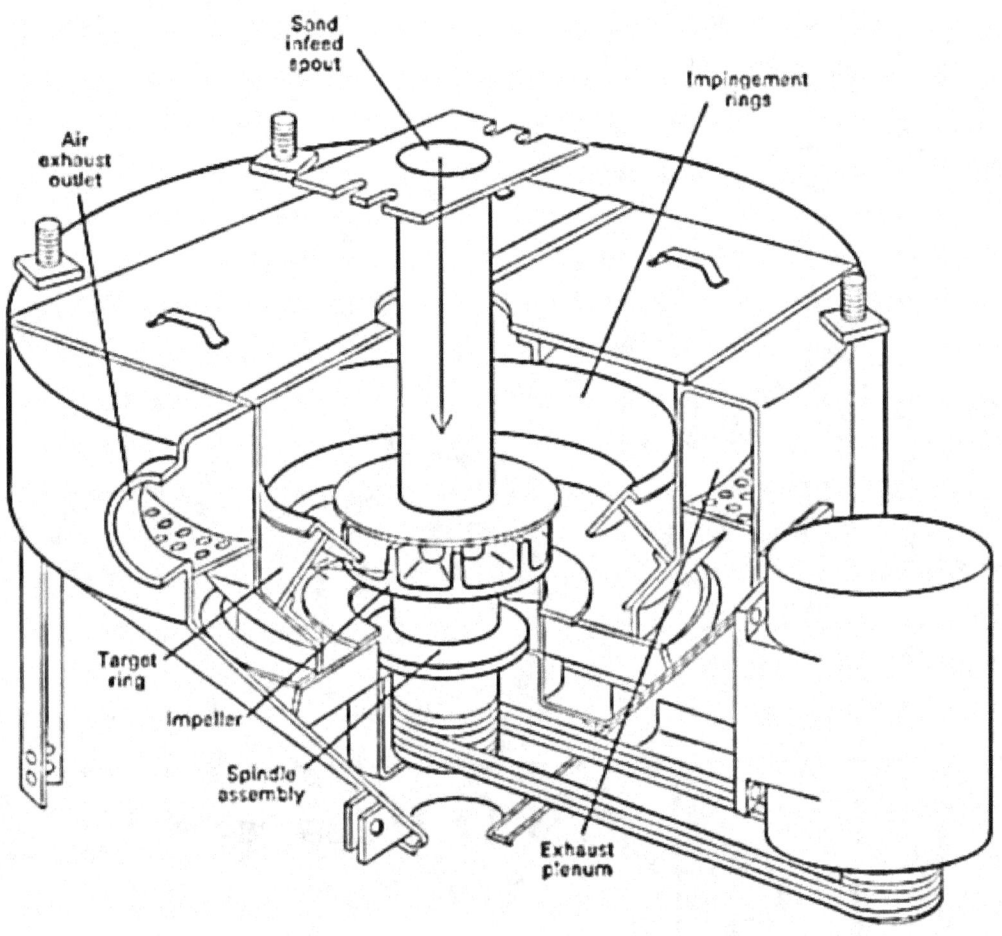

Asm Metalshandbook vol 15. Casting p.762

Impeller: impulsor, rotor, rueda de álabes

Exhaust plenum: para polvos

Binder husk: (husk) A shell or outer covering, especially when considered worthless.

El funcionamiento es siempre el mismo: la arena es impulsada mediante algún medio (en la primera figura por la impulsión de una tobera, en la segunda por un impeller contra un *target*, en donde se desmorona la arena. Los granos de arena más finos son recogidos o continúa el proceso para conseguir mayor afino del grano.

A continuación vamos a ver el vertical: (mechanical scrubber) La arena entra por el centro del *impeller* (turbo-ventilador) y es arrojada hacia arriba hacia un *target plate*. El frotamiento, desgaste, impacto, tiene lugar cuando choca con el target. La arena cae y escapa mediante un *air wash separator*, donde los fines son separados.

DISEÑO DE MOLDES Y MODELOS DE FUNDICIÓN Alejandro Plaza Tovar

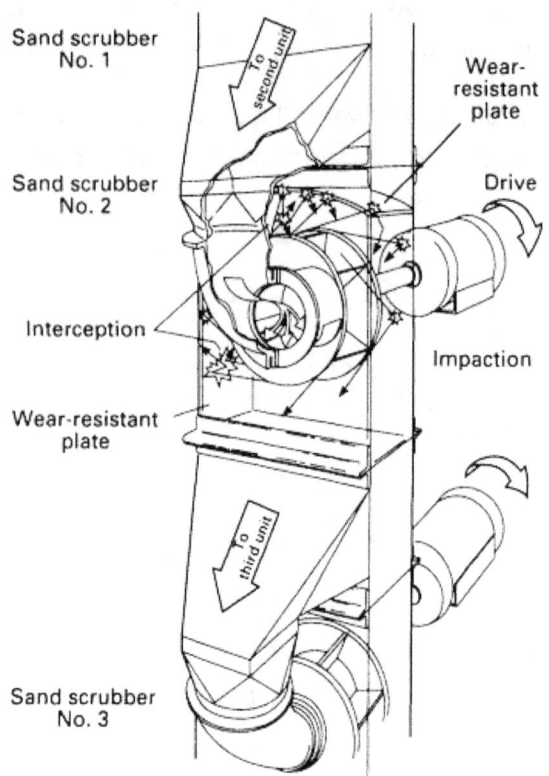

Sand atrition

Fig. 25 Vertical mechanical scrubber

Asm Metalshandbook vol 15. Casting p.763

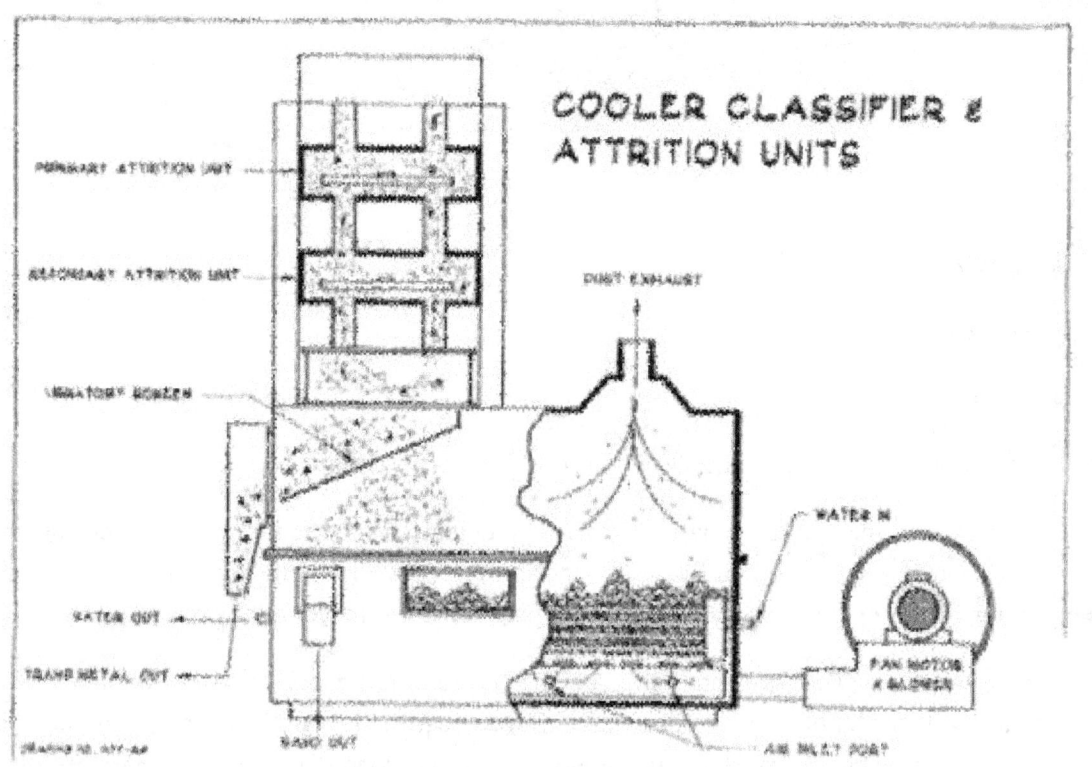

Diagram 2. Attrition Unit

Source: internet

Regeneración de las arenas de moldeo

La clasificación de los granos-separación de fines- se llevará a cabo después, en el vibratory screen. (como vimos en el tema de sand reclamation)

Thermal Reclamation

Consiste en llevar a la arena a una temperatura lo suficientemente alta y el tiempo suficiente como para asegurar la completa combustión de la resina orgánica y otros materiales sobre la arena. Si no aseguro la adecuada atmósfera y temperatura, la resina orgánica volatilizará y enviará carbonos orgánicos volátiles lo cual violará las emisiones limpias. Vamos a tratar en este apartados dos tipos de instalaciones para *termal reclamation:* rotary drums y fluidized bed furnaces.

Rotary drums:

Se usa para el tipo de fundición en concha (shell) y para los procesos químicos de aglomerado de arena (ver tema de cores). Es como si dijeramos un tambor rotatorio con fuegos dirigidos, mientras que la arena se alimenta un poco más elevada sobre dicho tambor para fluir libremente sobre la unidad.

Casters: ruleta

Ver carpeta reclamation/rotary drum

Caster: ruleta?

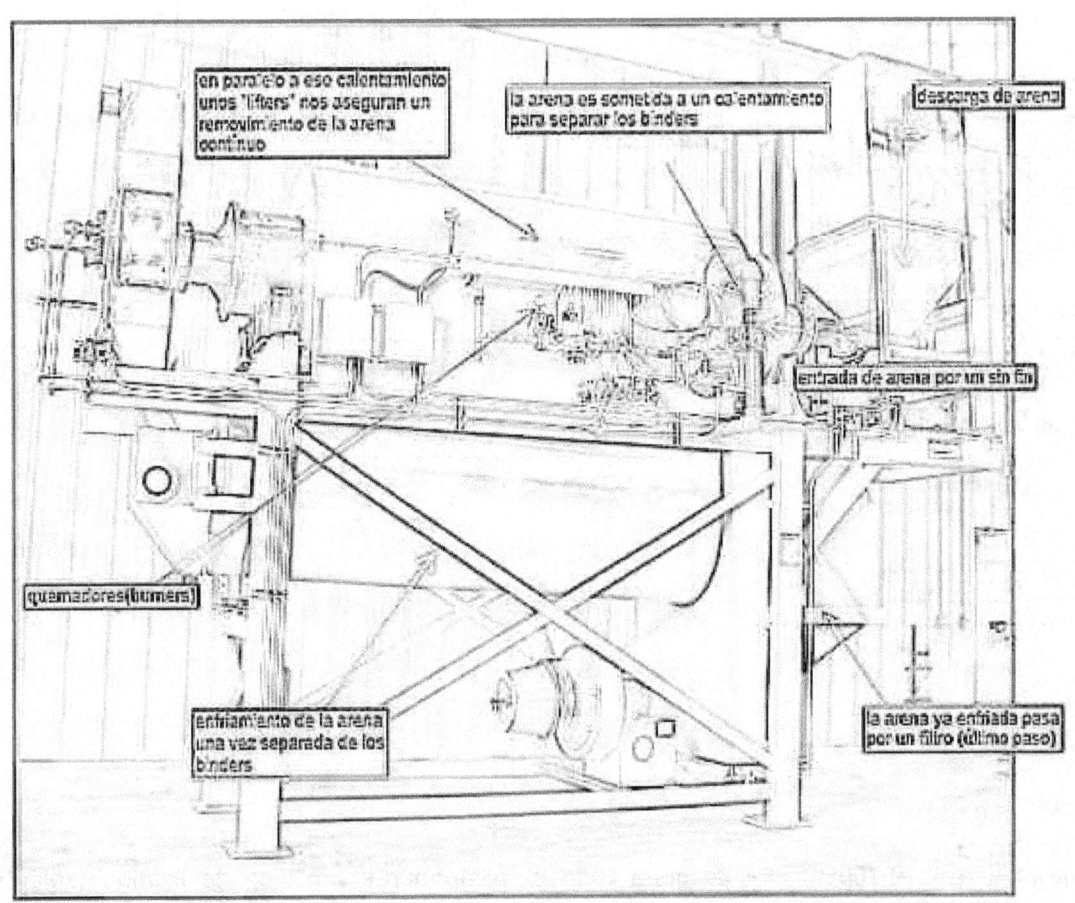

Fuente: catálogo CORECO EnviroAir Inc.

EnviroAir Inc.
W355 S8902 Godfrey Lane
Eagle, WI 53119
Phone: (262) 594-5891
Fax: (262) 594-3623
www.enviroair.net

Fluidized bed units: se usa también par alas arenas unidas químicamente, como par alas arenas mezcladas con arcilla. El elemento principal es un cilindro, con recubrimiento de ladrillo refractario, en una cámara de combustión vertical. La arena que ya ha sido *crushed* viene del alimentador, a través de un tornillo sin fin hacia el fondo de la unidad, en donde se mantiene un lecho de arena caliente fluido mediante el uso de un soplador de combustión. Este soplador es el que determina la cantidad de salida (output) y también la disponibilidad de suficiente aire para la combustión. Hay como dos sistemas de quemadores (burners): el de encendido (start-up) el cual me lleva a la arena hasta la temperatura de operación(1). Una vez alcanzada dicha temperatura, comienza el siguiente, el cual consiste en lanzas de gas (2) posicionadas alrededor del perímetro de la unidad e insertadas directamente sobre el lecho. Estas mantienen la temperatura del lecho entre ±8ºC

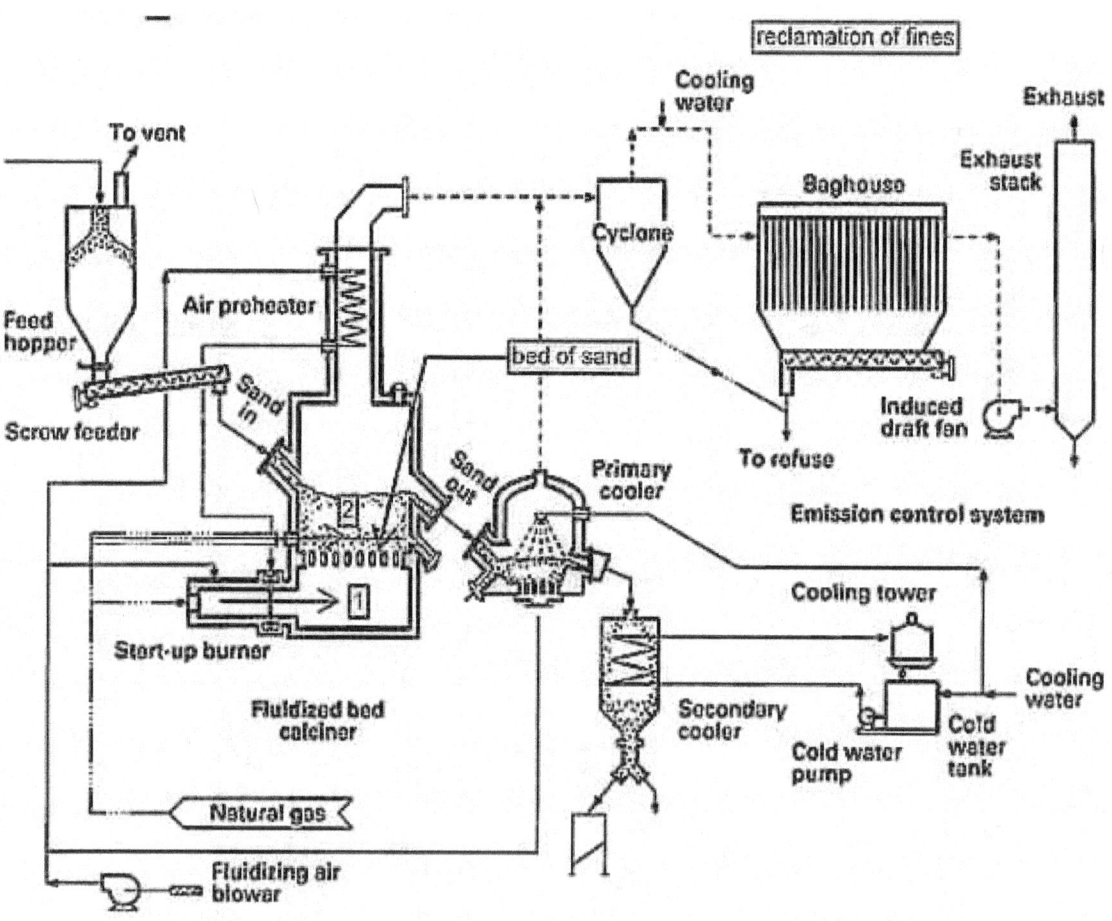

Asm Metalshandbook vol 15. Casting p.764

La arena se calienta hasta unos 600-700ºC, lo cual quita todo el componente orgánico de ligado mediante combustión. En este proceso, se genera polución en la forma de gas-humo, y muchas plantas reutilizan estos gases para reducir la energía necesaria para la combustión. Después del proceso de combustión, suele haber dos etapas de enfriado, para traer la arena de vuelta a la temperatura ambiente.

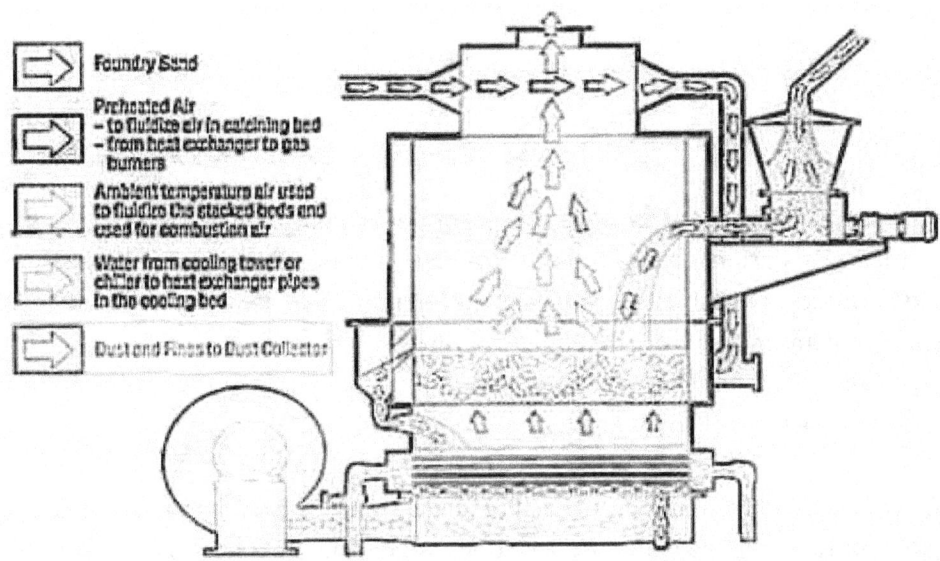

Thermal Reclamation Unit

Ver http://www.generalkinematics.com/foundry/

MÁQUINAS DE MOLDEO

- Squeeze (apisionado)
- Jolt (sacudidas)
- Mixtas (jolt and squeeze)
- Slinging (proyección) –en realidad slinging and pressure
- Vacuum (vacío)

    Hay **cuatro métodos principales para compactar la arena** alrededor de un modelo en el molde:
    a) *Squeezing*. Aplicar una fuerza de apisionado de varios cientos de libras por pulgada cuadrada (psi).
    b) *Mediante algún tipo de impacto*: el más usado es levantar el marco lleno de arena varias pulgadas y dejarlo caer. Este método se llama *jolting*.
    c) *Jolting seguido por squeezing*.
    d) *Slinging*, arrojar la arena mecánicamente sobre el molde.

- Hay <u>dos formas de pensar</u> relativas al compactado y mezclado de la arena. La primera recomienda niveles elevados de mezclado para obtener el máximo crédito sobre relativamente pequeñas cantidades de aglomerantes de arena. La otra idea consiste en disminuir el mezclado y añadir más aglomerante. Este concepto tiene que ser llevado a cabo involuntariamente por aquellos que no disponen de los medios necesarios para el mezclado. La ventaja del primer método es menos costo en aglomerantes y una posible desventaja es que necesito un control más preciso sobre los aglomerantes y el agua.
- La práctica más usada o extendida es mezclar a bajas velocidades durante unos 4-5 minutos, y 40 a 60 segundos si es a altas velocidades.

6.1. máquinas de moldeo por presión

Es el método más antiguo para el prensado de la arena y se realiza el prensado mediante prensa. Al ocupar la arena comprimida un volumen inferior al de la arena sin compactar, hay que introducir en la caja de moldeo un volumen de arena superior a la caja. Por ello se coloca, o por encima o por debajo, un bastidor suplementario llamado realce (aproximadamente un tercio del volumen de la caja)

6.1.1. apisionado con realce superior

En este caso se puede obtener el apisionado mediante dos formas:
- Por descenso de la prensa sobre la caja
- Por elevación de la mesa de la prensa.

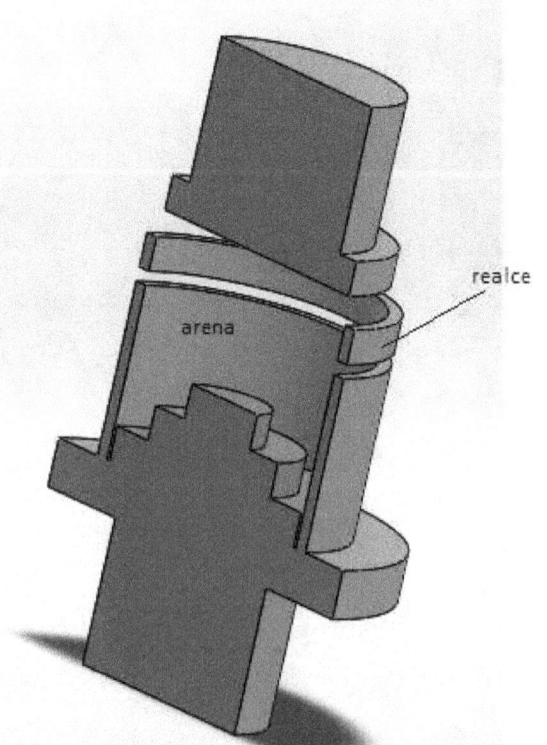

Este tipo de apisionado es el más fácil de realizar pero cuenta con las siguientes desventajas:

- La arena de la superficie del molde resulta más densa que la inferior, lo cual dificulta la salida de gases.
- Cuando los moldes contienen machos en verde la arena no puede fluir en las cavidades del macho del modeo y podría quedarse suelta cerca de dichas cavidades.
- El apisionado en el centro de la caja resulta más enérgico que en los costados, por el rozamiento de la arena con las paredes de la caja. Este defecto puede corregirse utilizando platos con rebordes.
- La profundidad del apisionado es muy limitada.
    Este método es utilizado para los moldes de poca altura (ver inconvenientes)

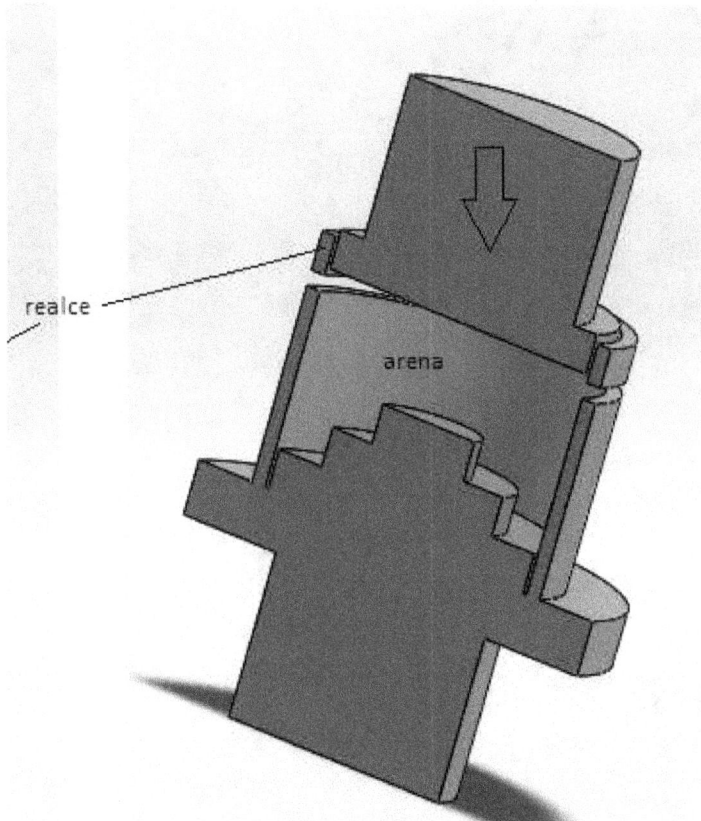

6.1.2. apisionado con realce inferior

En este caso el realce se coloca por debajo de la caja de moldeo, siendo el conjunto soportado por muelles y así se mantiene a nivel de suplemento con que se cubre la mesa de la prensa (ver dibujo).

Al presionar el plato de la prensa sobre la caja y descender ésta, se comprimen los muelles y asciende entonces el suplemento de la mesa por el interior del realce, comprimiendo la arena.

Ventajas:

- Distribución de presiones más uniforme que con realce superior.
- Desmoldeo automático por la forma constructiva.

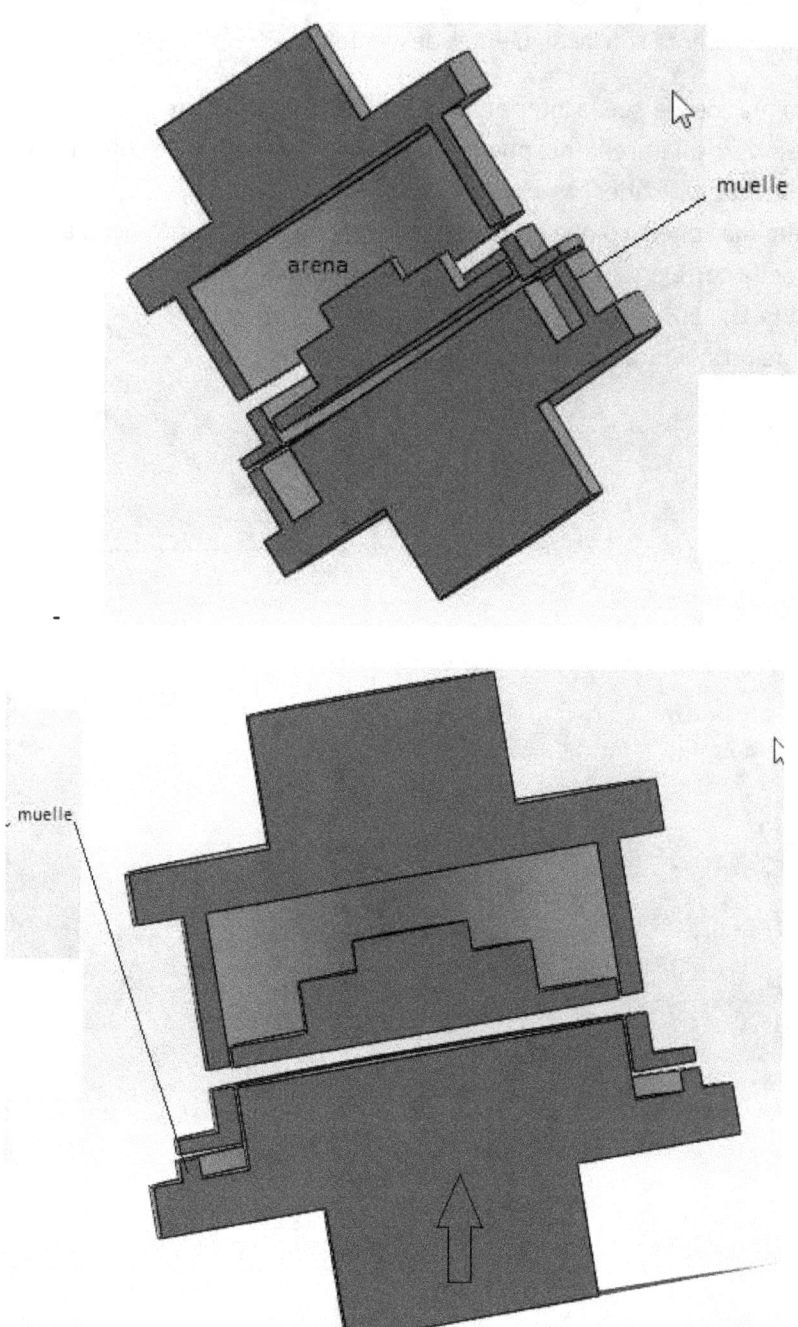

6.1.3. máquinas de moldeo por sacudidas

En este caso el apisionado de la caja de moldeo se realiza por sacudidas de la mesa de la máquina. El accionamiento de estas máquinas suele ser por aire comprimido. La mesa de moldeo -1- descansa sobre un émbolo -2- que se levanta al entrar el aire comprimido, hasta que deja al descubierto una válvula de escape -3-, y cierra al mismo tiempo la válvula de admisión, bajando entonces bruscamente el émbolo y produciendo una sacudida. Al quedar abierta la entrada de aire, se vuelve a repetir el ciclo y continúan las sacudidas mientras continúe la alimentación de aire comprimido.

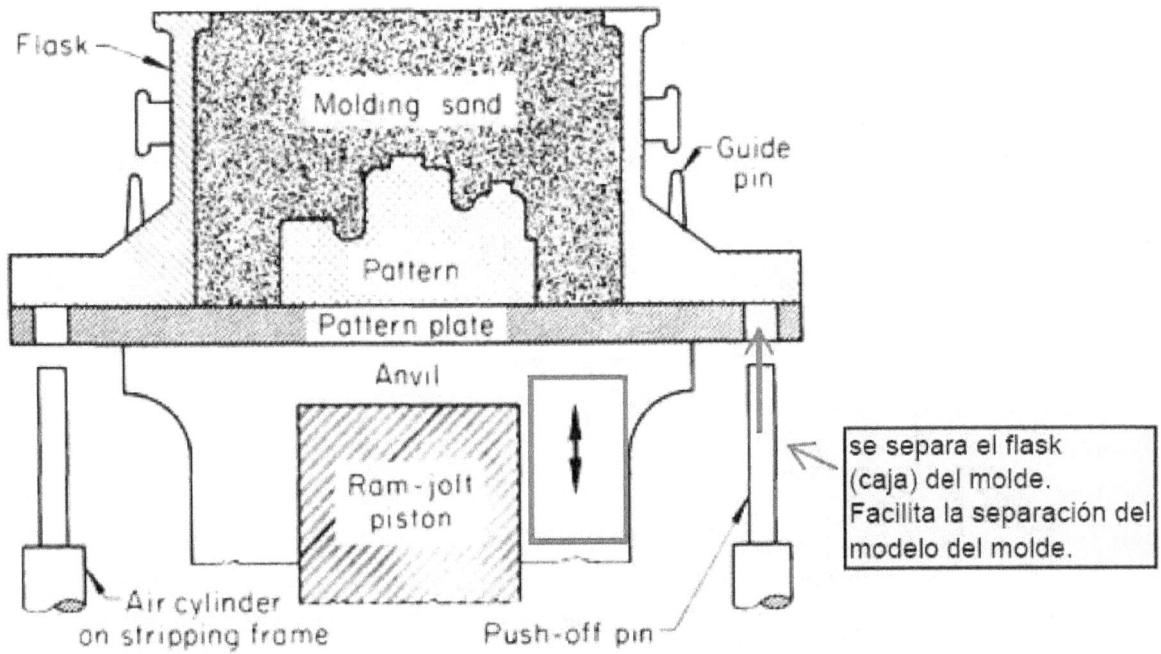

Fig. 1 Primary components of a jolt-type molding machine

Asm Metalshandbook vol 15. Casting p.738 fig.1

Cuando los moldes son compactados mediante el procedimiento general (*squeezing*) la mayor parte de la fuerza es ejercida sobre superficies horizontales y planas. La fuerza que realiza la compactación es mucho menor sobre las superficies verticales y es la menor en los *pockets* del modelo.

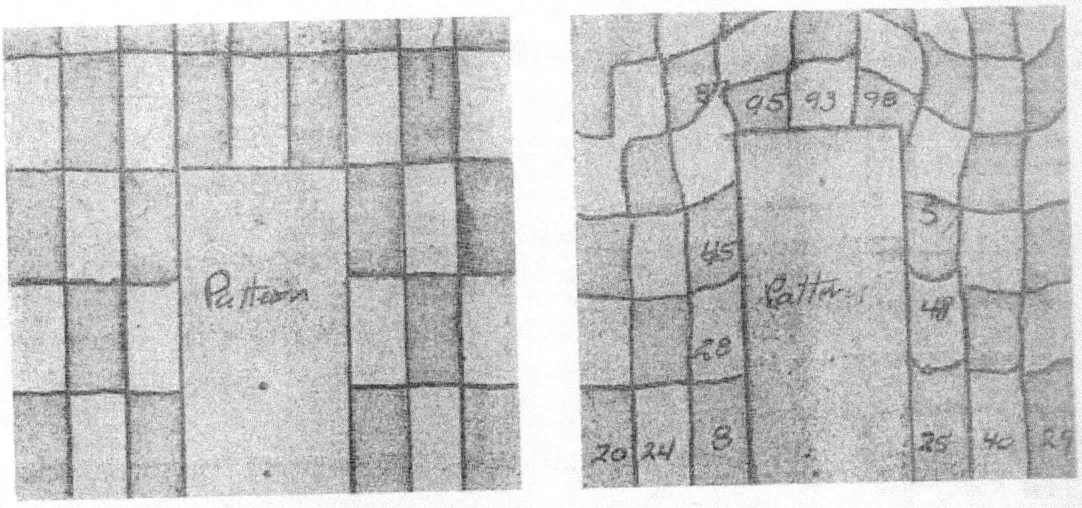

Fundamental molding sand technology cast metals institute/american foundry society A-7

Courtesy American Foundry Society, 1973, 2008, Schaumburg, Illinois USA (www.afsinc.org)

(7A) Mold made of Alternate Blocks of Light and Dark Colored Sand Grains before Compaction Pattern Height - 6 in. Sand Height - 12 in.

(7B) Deformation of Sand Grid and Hardnesses caused by Squeezing with a Flat Squeeze Plate Final Sand Height - 8 in.

Figure 7 - Illustrations of Compactions Caused by Different Compaction Methods. See reference (9) for more details. The numbers superimposed on the grids indicate green (indentation) hardness. The numbers are relative. The higher the number, the greater the hardness. (Frame 112)

La adición de arcilla disminuye la facilidad de compactación.

6.1.4. máquinas de moldeo mixtas

Recordando, en las máquinas de moldeo por sacudidas, la arena de las capas inferiores del molde queda más apisionada. Por otra parte, en las máqinas de moldeo por presión, se apisiona más la arena de las capas superiores. Por ello, se han desarrollado las máquinas combinadas, con las que se moldea las primeras capas de arena por sacudidas y se termina el apisionado por presión de las capas superiores.

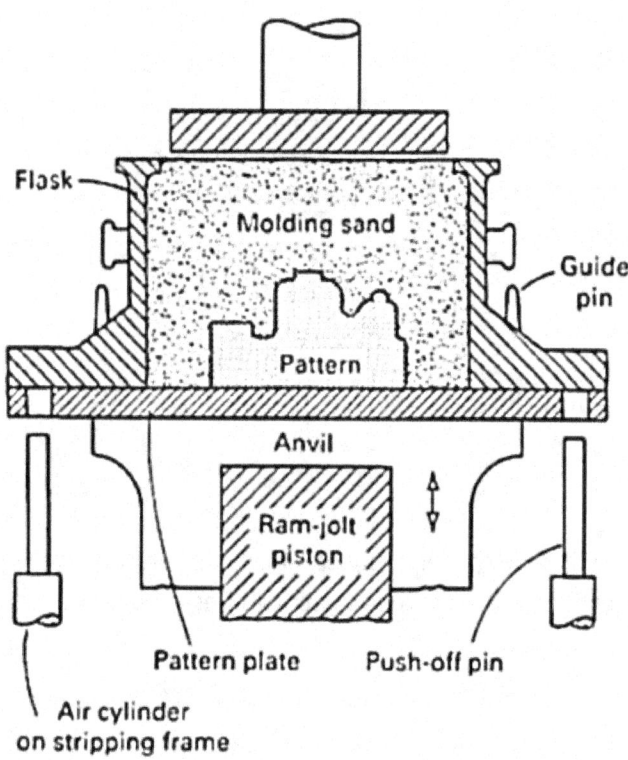

Asm Metalshandbook vol 15. Casting p.739

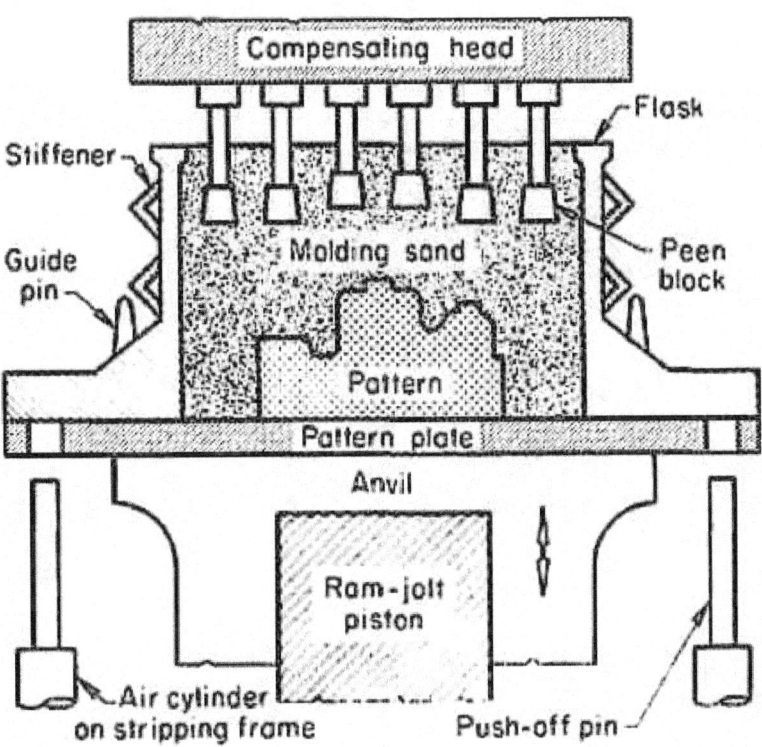

Asm Metalshandbook vol 15. Casting p.740

En esta representación vemos como se soluciona el problema visto de que el apisionado resulta más enérgico en el centro que en los costados, por ejemplo.

También es posible el siguiente diseño:

Diseñando el tablero de comprensión con un perfil tal que cuando se realice la compresión de la arena sobre el modelo se cumpla un mismo grado de compresión en todas las partes del modelo.

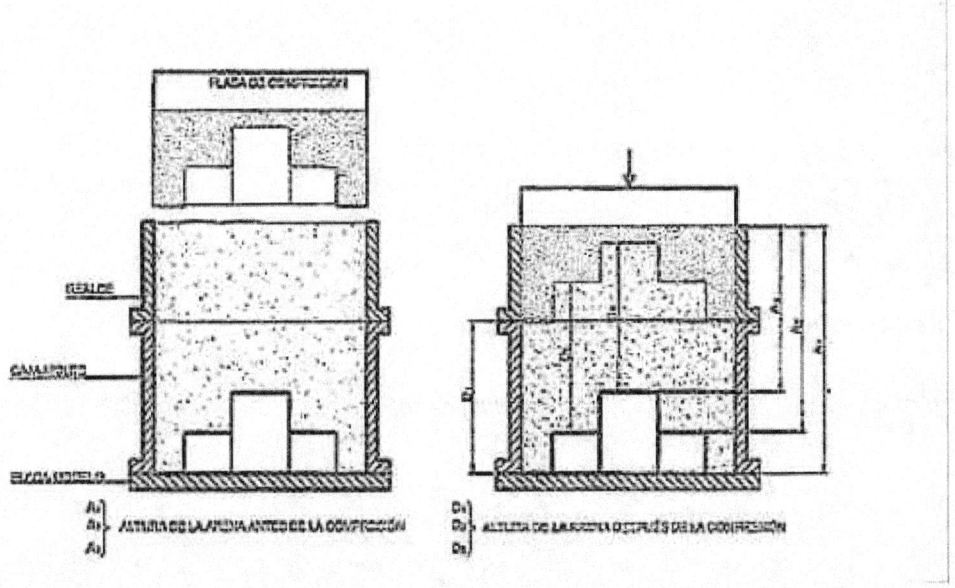

Matrices, moldes y utillajes. Julián Camarero de la Torre. Arturo Martínez Parra. CiE Dossat 2000. Pág. 154

En la actualidad se utilizan pistones ecualizantes o diafragmas en lugar de placas de comprensión.

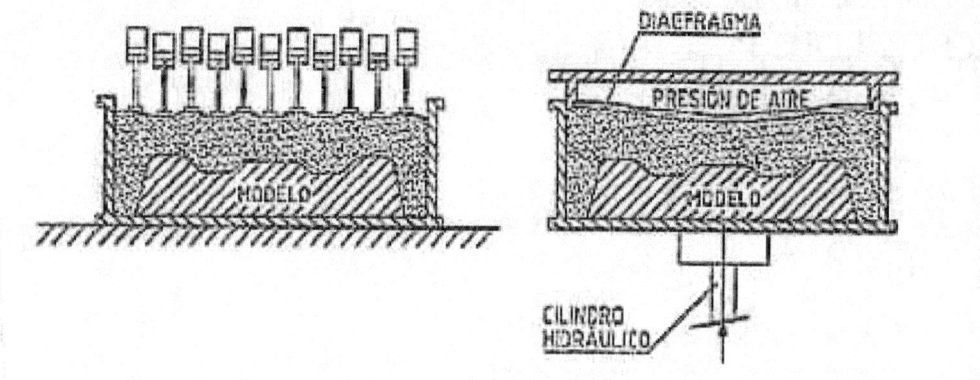

Matrices, moldes y utillajes. Julián Camarero de la Torre. Arturo Martínez Parra. CiE Dossat 2000. Pág. 154

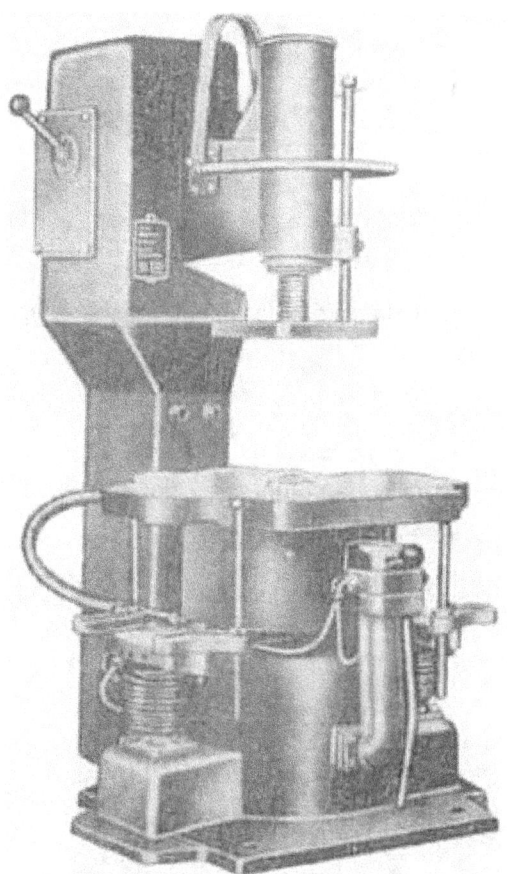

Fig. 3.35 *Pin-lift moulding machine*

P.L. Jain Principles of Foundry Technology p. 111, fig.3.35 Tata Mc Graw Hill Education

Fig. 3.36 Turnover moulding machine

P.L. Jain Principles of Foundry Technology p. 112, fig.3.36Tata Mc Graw Hill Education

En las últimas dos figuras vemos dos máquinas que combinan la acción *jolt-squeeze*

4.- Slinging(proyección)

En este caso, el compactado de la arena se produce por impacto de la arena sobre la caja de moldeo. Las máquinas de este tipo, conocidas como *sand slingers,* envían un chorro de arena hace abajo, a través de un proyector, sobre la caja de moldeo a alta velocidad. Las partículas se asientan e instantáneamente quedan apisionadas. Se utiliza por tanto fuerza centrífuga

Fig. 13-2 Sand slinger for filling large floor molds. Operator controls the slinger from his control post on the sand slinger.

Steel castings handbook 6th edition. ASM Pág. 13-2

Este tipo de compactamiento es usado principalmente para castings grandes, con cajas de moldes muy grandes o los cuales incluso en ocasiones se encuentran bajo suelo.

La velocidad con la que es proyectada la arena va desde 300 a 2000 Kg/min (esta velocidad es suficiente para forzar a la arena a apisionarla satisfactoriamente)

Este tipo de máquinas, como vemos combinan la aplicación de una alta presión con la proyección (disparo, proyectil) de arena sobre el molde.

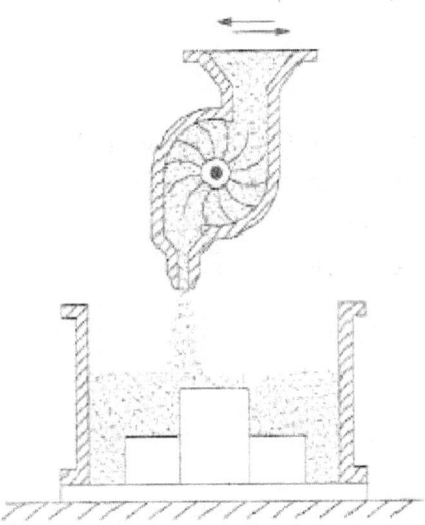

Matrices, moldes y utillajes. Julián Camarero de la Torre. Arturo Martínez Parra. CiE Dossat 2000. Pág. 157

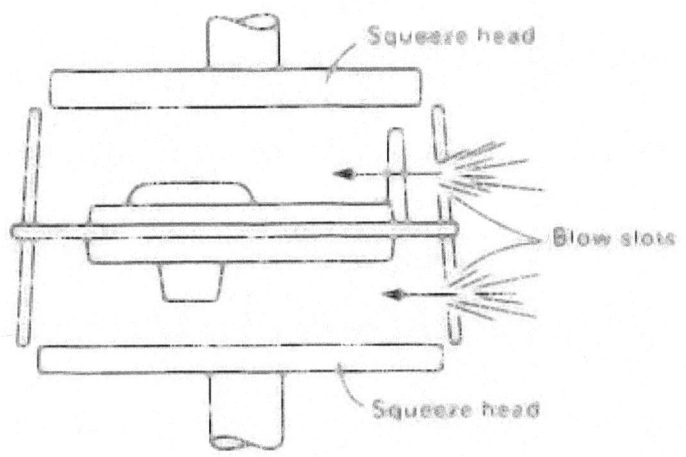

Asm Metalshandbook vol 15. Casting p.742

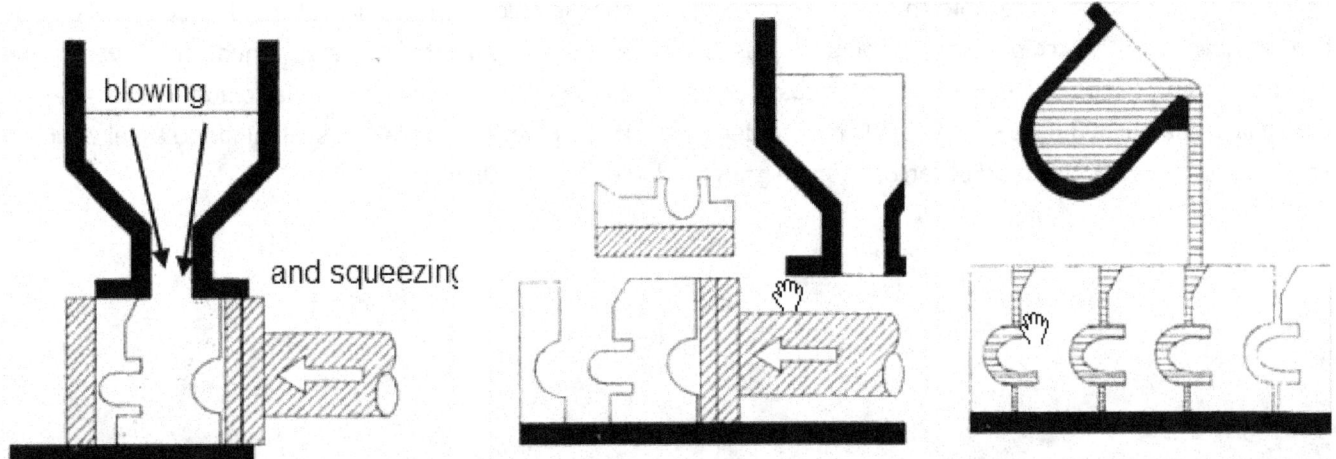

La última figura ya es posterior al proceso de compactación de la arena, que es ya el llenado del molde

P.L. Jain Principles of Foundry Technology p. 117 fig.3.41 Tata Mc Graw Hill Education

5.- Máquinas de moldeo por aplicación del vacío

<u>Vacu-press:</u> En este caso el vacío es creado en una cámara de moldeo y simultáneamente la arena es disparada, permitiendo una mejora en el llenado y compactación ya que la arena que llega tiene sólo una pequeña cantidad de aire para desplazar. Después de precompactar la arena por la ayuda del vacío, la arena se comprime (*squeezed*) para conseguir una compactación total. Este proceso se utiliza sólo para producir castings con tolerancias extremadamente rigurosas a altas tasas de producción. El coste del proceso es barato, pero no así el de la inversión del equipo.

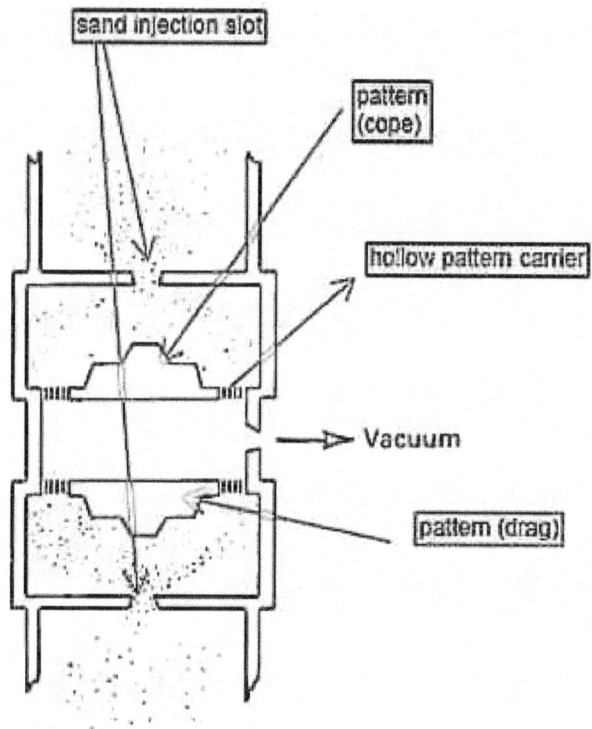

Asm Metalshandbook vol 15. Casting p.744

<u>Proceso en V:</u> el modelo es recubierto por una hoja de plástico y se coloca en la caja del molde que se rellena de arena sin ningún aditivo, colocando otra hoja de plástico sobre la arena para realizar, a continuación un vacío, que hace que la arena se compacte. Realizados los dos medios moldes se unen y se lleva a cabo la colada manteniendo el vacío en la arena hasta que se solidifique. El desmoldeo se realiza rompiendo los plásticos, eliminando así el vacío. La arena se recupera y las piezas así obtenidas son de gran calidad en sus detalles.

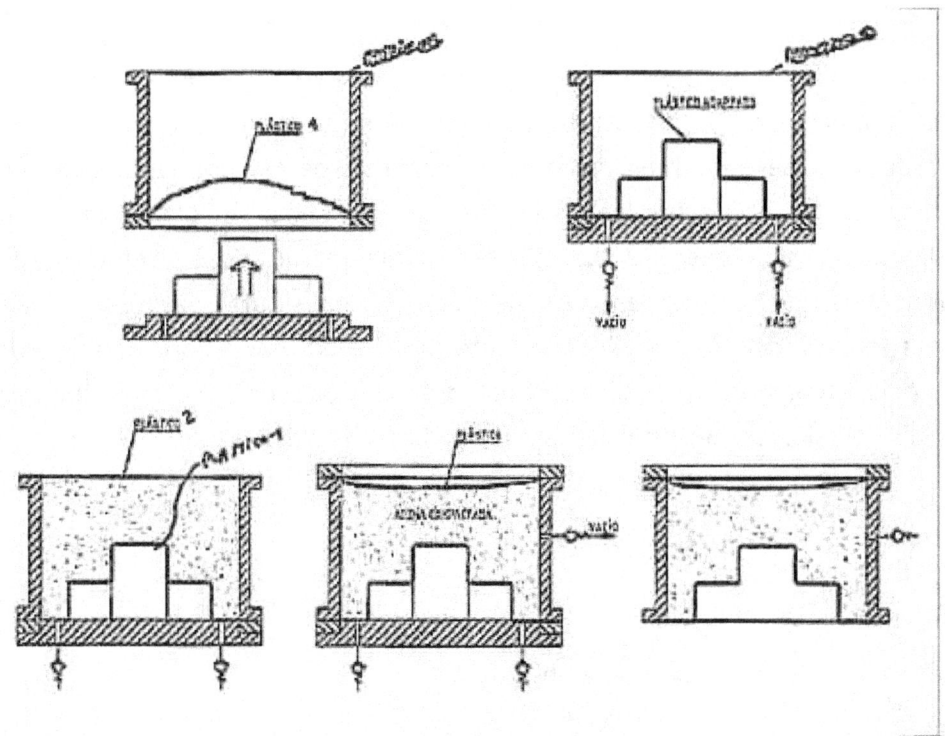

Matrices, moldes y utillajes. Julián Camarero de la Torre. Arturo Martínez Parra. CiE Dossat 2000. Pág. 158

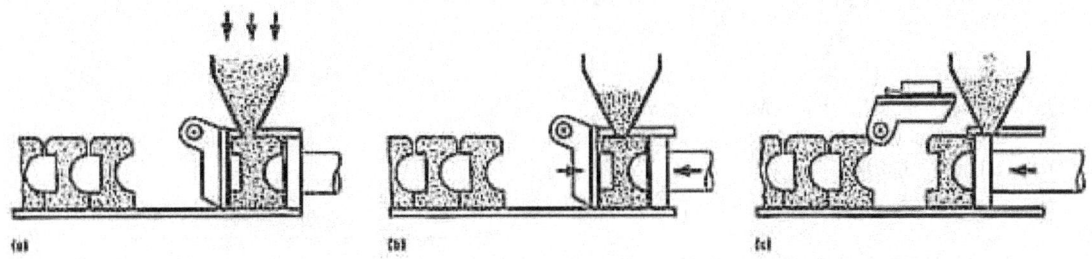

Asm Metalshandbook vol 15. Casting p.744 fig.10

Duda: *se queda el plástico o no durante el pouring del metal en el v-process o vacuum molding?*

Sí

(ampliación de la respuesta) También lo que suele suceder es que durante el vertido, la capa fina de plástico funde y vaporiza, siendo reemplazada inmediatamente por metal, permitiendo al vacío continuar sosteniendo la arena en compactación hasta que el casting haya enfriado y solidificado. Después el vacío es liberado, volviendo a separar la arena, la cual se cae y recupera para el siguiente casting.

CORES

La razón de la utilización de machos es cuando la geometría de la pieza tiene partes huecas. En estecaso la arena utilizada es especial, y se denomina *arena para machos.* Los machos se fabrican en *cajas de machos*-las cuales pueden ser de una sóla pieza si los machos son sencillos- o partidas. Si el macho se fabrica por partes se pueden unir después sus mitades mediante pasadores, refuerzos de alambre, etc. En algunas ocasiones los machos requieren cocido posterior en estufa para darles más resistencia y se puede determinar su posición en el molde mediante portadas o marcas que son apoyos de salientes que tiene el macho para situarse en su posición. Si debido a la presión metalostática no son suficientes estos apoyos, se añadirán soportes. Después del moldeo, el macho se destruye y en su lugar quedará el hueco de la misma forma que el macho en el interior de la pieza fundida.

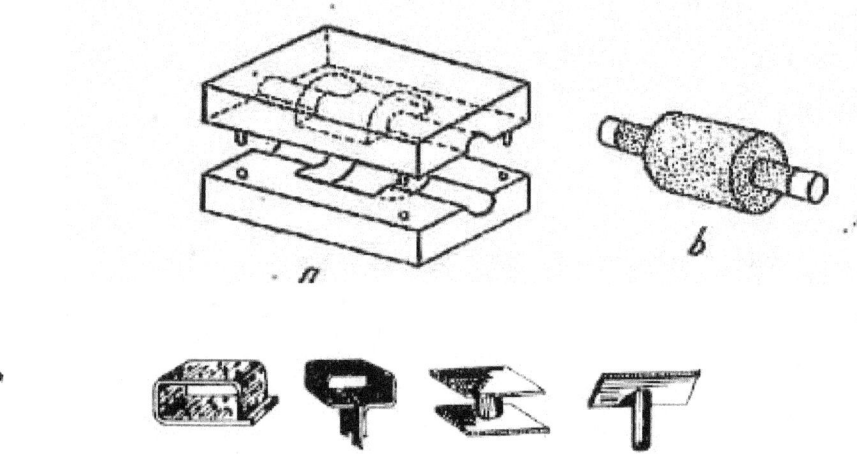

tecnología mecánica y metrotecniavol 1 de Jose María Lasheras

editorial donostiarrap. 83 fig.4.13, 4.14

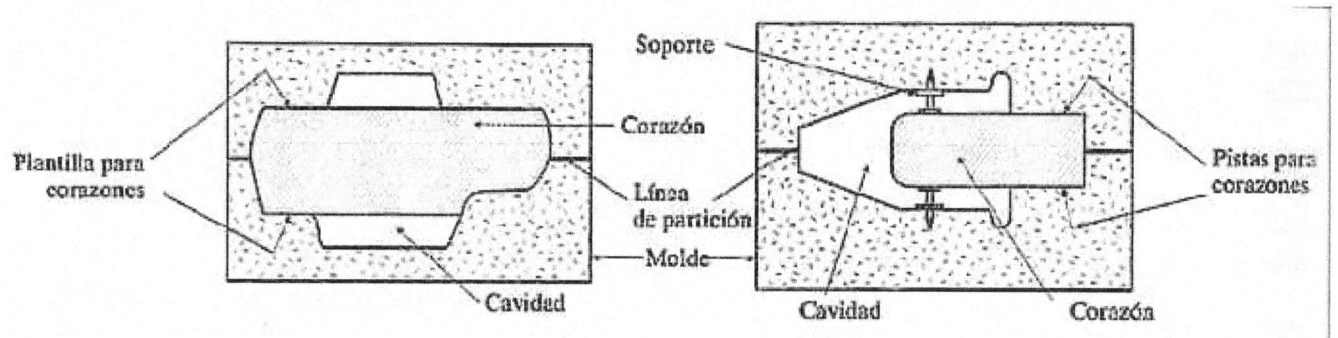

Manufactura Ingeniería y tecnología cuarta edición Kalpakjian/Schmid p. 268 fig.11.8

The *core and print* must fit perfectly. If they don´t match accurately, some of the liquid metal can flow into the gap between the core and the print. Liquid metal which runs into the space between the core and the print seals the gas vent behind the core print. (ver *)

The foundryman can also use a core to shape an external part of a more intincrate casting:

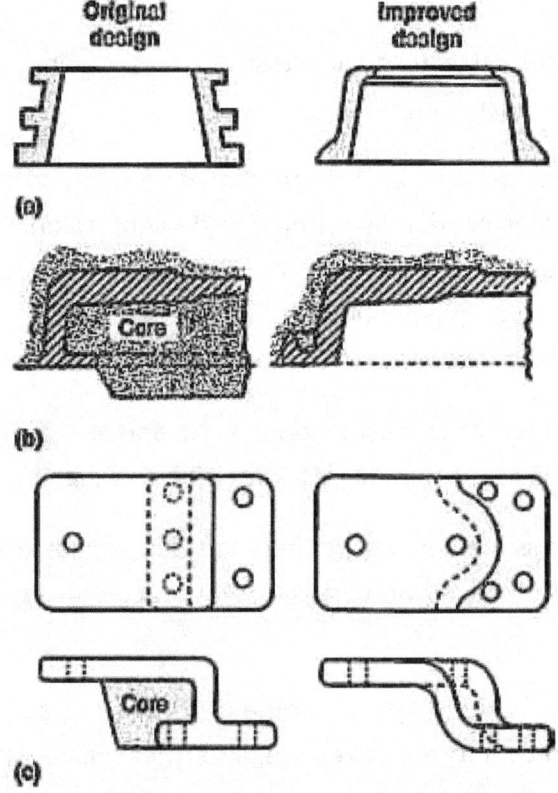

Asm Casting Design and performance p.13

<u>Características de los machos y de las arenas para machos:</u>

(i) Los machos deben tener suficiente dureza y resistencia tanto en seco como en "verde". Sin dichas propiedades, el macho no será capaz de resistir su propio peso y soportar la fuerza del metal fundido.
(ii) Los machos han de ser permeables para permitir el paso y escape de los gases.
(iii) Los mahcos deben ser capaces de soportar la alta temperatura del metal fundido.
(iv) La arena del macho debería de producir la menor cantidad de gas cuando se pusiera en contacto con el metal fundido de forma que no sea necesaria tanta permeabilidad y de esa forma se le imparte mayor dureza al macho.

Notas/comentarios:

(i) Pero si un mucho es demasiado resistente, podría ocasionar tensiones al casting.
(ii) *Ver tema de solidificación –impedimentos para la contracción-*
(iii) Un macho debe tener ventilación para permitir la salida de gases de escape durante la colada. El rango de las partículas de arena determina la permeabilidad de la arena compactada, pero a más pequeños que son los granos, más cantidad de aglutinante necesario para mantener una resistencia determinada.

(iv) *refractoriness:* es la habilidad de soportar el calor. El fundidor debe saber por el análisis químico de la arena cual será su refractariedad. El análisis químico de una arena de alta calidad para fabricación de machos nos mostrará un contenido en Sílice (SiO_2) de más del 97%.

(vi) para realizar un casting preciso, el macho debe tener un mínimo de contracción y expansión.

(iv) too much gas in the core can cause some of the excess gas to enter the metal

Demasiada actividad de gas puede distorsionar el vertido de metal y su solidificación. Para un casting de superficie suave y lisa, el metal debe permanecer quieto en contacto con el macho.

Para ayudar a quitar el gas del binder del macho, el fundidor usa una arena con alta permeabilidad (o mucho mayor que la de la arena común). Además puede situar conductos artificiales de ventilación de cera, alambre, agujeros, nylon, poliestireno y tubos de metal en la masa de arena. Cuando el fundidor sitúa estos conductos artificiales en el macho, un *outlet* (evacuador, paso, salida) es necesario. El fundidor nos conecta todos los tubos artificiales a una única salida, la cual es generalmente un *coreprint* (*).

Según se incrementa la temperature en el molde, los aglomerantes se descomponen y producen gases. Estos gases debe ser expulsados a la atmósfera para prevenir la formación de *gas holes* en el casting.

(v) Los machos cuando se preparen han de ser colapsibles, es decir, deberían desintegrarse y "colapsar" después de que el metal solidifique. Si el macho no colapsa, se produce dificultad en retirar los machos de la pieza fundida.

Los ingredientes de las arenas de machos son la arena y el aglutinante. La arena debe ser muy pura conteniendo muy poca cantidad de arcilla, puesto que de otra forma se reduce la permeabilidad y la colapsabilidad.

El fundidor endurece la mezcla de arena para los machos mediante el calentamiento en horno o mediante un proceso de reacción químico.

Después de que el metal caliente es vertido, el casting se enfría rápidamente y se encoge. Es muy importante para el macho el ser flexible para dar suficiente juego cuando el casting contrae durante el enfriamiento.

Green strength: es la propiedad que hace que una arena *tempered* (calmada) sea lo suficientemente rígida a temperature ambiente para soportar la operación de modelaje. Deberá mantener su forma sin *sagging* o distorsión y además deberá seguir manteniendo su forma hasta que el macho se endurezca en el horno (de ser necesario)(sagging: fleche-deformación-)

Los **aglomerantes (*binders*)** forman una película alrededor de los granos de arena, con lo que da como resultado que se pegan entre sí (AGLOMERACIÓN) dando a la arena una consistencia alta. Las características que se obtienen en cuanto a calidad de las piezas fundidas son superiores a las arenas aglutinadas.

Def: el material mezclado con la arena para convertirlo en una forma sólida que pueda ser usada como modelaje (shaping-holdthegrainstogether) es llamado **binder.**

El macho a su vez tiene que ser fácil de quitar después de que se ha formado el casting final. Demasiado binder me conduce a un coste excesivo de retirada del macho.

-Coreoils: aceite vegetal (ej: aceite de linaza, de maíz). A veces se utilizan aceites minerales para lograr propiedades específicas.

Podemos distinguir entre

- Aceites de fraguado en estufa (ej: aceite de linaza). El más utilizado es el *aceite de linaza (linseedoil):* en verde no presenta buena resistencia, por lo que debe ser estufado o calentado. Uno de los inconvenientes de éste aceite es el desprendimiento de gases que puede afectar a la calidad de las piezas.
- Aceites autofraguantes: cuando se prepara un macho con éste tipo de aceites apenas presenta resistencia con lo que no se puede utilizar en el momento (para su utilización no es necesario calentarlo, pero se debe esperar un tiempo determinado de varias horas. Normalmente los aceites autofraguantes son de gran viscosidad, por lo que su manejo presenta dificultades. Al añadirle disolventes, se logra una gran fluidez y facilidad de uso. La acción que produce un endurecimiento de la arena es una polimerización, oxidante o no, haciendo que los enlaces no saturados del aceite se combinen formando grandes cadenas. Esta polimerización puede que sea lenta para los requerimientos de producción, por lo que se suele emplear los llamados acelerantes catalizadores, cuya finalidad es aminorar e tiempo de polimerización. Hay que tomar la precaución de saber en todo momento la vida útil del complejo aceite-catalizador (binder)- acelerante (catalyst) para que no se "pase" y pierda sus propiedades, para lo cual debemos saber la velocidad de fraguado de la mezcla. En la práctica de fundición se toma un puñado de arena ya preparada y se aprieta con la mano, dejándola un tiempo al aire hasta ver el tiempo en que adquiere su consistencia debida. Esta prueba es fundamental para saber cuando se ha de desmoldear cuando la arena del molde presenta todavía flexibilidad suficiente y así evitar que el endurecimiento de la arena haga que luego ésta no sea posible.

-Aglutinantes (aglomerantes) termoplásticos: (resina de trementina, *pitch*- brea de alquitrán-). En polvos, al calentarse licúa y moja los granos de arena (humedece). Este líquido disperso es el que une los granos de arena para formar una estructura única, compacta.

Nota: resina de trementina: forma de resina obtenida por destilación y extracción de la madera de pino.

Alquitrán: para carreteras, etc.

-Aglutinantes termoendurecibles[*thermosetting*]:(aglomerantes): phenol, urea, furan. Alta dureza, baja formación de gas, collapsibility (destrucción tras la retirada de la pieza moldeada)

Las resinas más utilizadas son lasfenólicas y las furánicas.

Tanto las unas como las tras no necesitan oxígeno para su fraguado, siendo ésta la principal característica que la deferencia de los aceites autofraguantes. Las arenas mezcladas con resinas furánicas (2.1.1.a.) (con o sin ácido fosfórico) al poco tiempo de mezclado presentan alta resistencia, teniendo que tener mucho cuidado en aquellas que lleven cantidades variables de urea, pues pueden dar origen a defectos producidos por gases por desprendimiento de nitrógeno. *(la urea lleva nitrógeno, ver internet)*

Uno de los factores que hay que tener en cuenta sobre las resinas es su toxicidad, debido que en su composición hay productos a base de tolueno-isocianatos, que son tóxicos en todo momento.

Se ha progresado al cambiar estos productos por aquellos que tienen entre sus componentes metileno-isocianato, algo menos tóxicos, aunque de todas maneras deben protegerse con mascarillas con filtros quienes trabajen con ellos, además de la prohibición total de fumar, ya que son altamente inflamables.

La mejora continua en este campo ha hecho que se ensaye con productos cada vez menos tóxicos. En algunos casos se añaden en estas arenas óxido de hierro para obtener una superficie de las piezas muy buena. (*ver aditivos carbonosos*). El comportamiento del óxido de hierro no es bien conocido del todo, aunque sí su efecto se cree que actúa como pantalla contra las altas temperaturas creando una capa aislante entre el caldo y el molde.

Otra clasificación

- **Drysandmolds:**
    - Coreoils
    - Hot box
    - Warm box
    - Shell process /cronning   endurecimiento mediante curado en caliente.**(heatcured)**
    - Brea de alquitrán.

(require heat to cause the bonding metal to cure)

- **Procesos de fabricación en caja fría.**

    Requiere un mezclado controlado de dos o más agentes con la arena para rellenar un molde que se cura o endurece en minutos a la temperatura ambiente. Uno de dichos agentes, un catalizador o endurecedor, hace que la resina aglomerante, que recubre los granos de arena, realice una reacción química. Según pasa el tiempo, los granos de arena se linkan y la mezcla cura.

    - Procesos autofraguantes *no bake* : resina , aglutinantes termoplásticos. Proceso de curado mediante aditivos-catalizadores- que reaccionan químicamente con una resina (binder-aglutinante-) a temperatura ambiente produciendo el endurecimiento –cura- del aglutinante. Estos procesos son llevados a cabo por *organicbinders* (resinas) mientras que el cemento y la arcilla (clay) eran *inoranicbinders*
    - *Coldprocesses – gas catalyzed:* el catalizador es un gas que se hace circular por la mezcla de la arena una vez que ésta ha sido introducida en la caja de machos. También a temp. Ambiente.

Proceso		Aplicación	Tipos de core boxes
Heatcured		Médium-highproduction	Sólo de metal
Caja fría	No bake	Short sun production ; larger cores	Wood, plastic and metal
	Coldprocesses –gas catalyzed-	Médium-highproduction	Wood, plastic and metal

A su vez, los catalizadores (en estos procesos de curado en frío que no necesitan calor posterior) pueden ser en forma de gas para curar o hacer fraguar a los aglomerantes, y en forma líquida.

1. Drysandmolds

Nota: Oils (linseed, crude esters and polymers, refined esters and polymers, oils with added resin, etc.) are never used alone. A mixture of oil and sand would collapse while in the unbaked state – that is, would not have green strength. Oils to be used as binders are always combined with cereals to give the core green strength.(*)

(*) it is obvious that if you mix oil and sand, shape it into a form a expect it to keep that form, you are going to be disappointed. (it doesn´t have green strength so you cannot handle the core after ramming). So, if you were trying to create a form from a mixture of oil and sand and if you found that your sculpture continually collapsed, you might improve its strength by adding some other substance. The foundryman, therefore, compensates for the lack of green strength in the core by adding another material. To strengthen the green bond of the system, the foundryman usually adds starch (almidón), dextrin, molasses (melazas) or lignum. Starch and dextrin are derivates of corn. Molasses is a vicous sugar product (verfoto). Lignum is a byproduct (subproducto) of wood.

cantidad a añadir:

-dextrin: >=1%

-starch, molasses or wood flour >2%

Source: internet

La Resistencia a la humedad de la arena con aceite es Buena. La resistencia a la humedad es importante para machos que van a ser usados en moldes de arena verde.

Las arenas mezcladas con aceite tienen excelentes propiedades de "pelaje" o retirada: esto es, cuando el fundidor está usando un macho de arena con aceite, él puede retirar con facilidad el macho de la caja de machos.

Resumen proceso core-oil: la arena es mezclada con harina de maíz y-o arcilla y agua junto con el aglomerante para dar suficiente resistencia a la arena de forma que una vez extraído de la caja de machos se introduzca en hornos para endurecerlo a 200-260ºc. Hay un proceso que se denomina *heatactivated* en el cual la arena se sopla sobre una caja de machos precalentada, de forma que el calor libera los agentes que provocan el endurecimiento de la mezcla de arena y reaccionan con el aglomerante.

En el caso del hot box y warm box, la mezcla aglomerante-arena es líquida. UN aglomerante líquido termosetting y un catalizador latente ácido son mezclados con arena seca e introducidos a una caja de machos precalentada. Sobre el calentamiento el catalizador libera ácido, el cual induce una rápida cura, de forma que el macho pueda ser retirado entre 10 a 30 sg.

Hot box and warm box son los dos procesos siguientes que vamos a ver. En ellos, la mezcla de arena-ligante (binder) y el catalizador son mezclados antes de entrar en el molde y dicha mezcla es húmeda. Dicho molde está precanlentado (heatedcore box). Mediante el aporte de calor el catalizador libera ácido y se produce el curado y ligación.

1.1. Hot box

From the name, hot-box core process, you might expect a production *technique similar to the Shell system.* But the hot box process uses a liquid resin rather than dry resin. The liquid resin gives the core a degree of green strength.

The usual practice is to blow the sand mixture into a heated core box. (compressedair,propels the sand into the core box cavity. The air escapes from the core box through a finely slotted screen opening.

Depending on the size and shape of the core section, the foundryman allows from 5 to 30 seconds for the core to set. (thistechniqueisfasterthantheshellprocess)

Después de que los machos sean extraídos de su caja y colocados en platos especiales de soporte, son transportados a hornos para calentado el cual seca la humedad y endurece el aglutinante.

Binder (aglutinante, endurecedor): resin (furan o phenolic type)

Calatizador

Otros aditivos

Reacción simplificada para el mecanismo de hot box

Liquid resin+ catalyst `heat= solid resin+water+heat

Temperatura idónea de trabajo: próxima a 225ºC

Tiempo de permanencia en caja: varía entre 10sg y 2 min.

Requiere el post-curado del macho en un horno.

Imágenes de furan resin:

Imágenes de phenolic resin:

Source: internet

1.2. Warm box

Binder (aglutinante-endurecedor): furfuryl alcohol type resin (thermosetting resin)

Aglomerante: (ácido) the foundryman selects the type of *acid* catalyst according to the type of resin he is using.

copper salts based primarily on aromatic sulfonic acids in an aqueous methanol solution.

A thermosetting resin, either alone or in combination with a heat-generating catalyst, sets subjected to heat.

In the furan system, the foundryman uses and acid-catalyzed resin reaction to develop the bond.

Cantidad: depending of the coremaking system he is using, the foundryman adds the catalyst in the range of 10 to 15 percent of the binder content.

Reacción simplificada para el proceso de curado de warm box

$$furan\ resin + laten\ acid(H^+) \xrightarrow{calor} cured\ furan\ binder$$

Temperatura de trabajo óptima: 150º-190ºc

No requiere curado posterior.

Because furan systems have short bench life, foundrymen usually use them with contuouos mixing systems and discharge them directly into the core box.

1.3. Shell moulding =croningprocess

En este caso mezclamos arena fina (100-150 mesh) y resina thermosetting. Cuando esta mezcla se situa sobre un patrón de metal precalentado, la resina cura, causando que los granos de arena se unan unos con otros formando una concha sobre el patrón. La forma interior de la concha encaja perfectamente sobre las dimensiones del patrón y constituye la mitad del molde. Se forma la otra mitad de igual forma y se unen las dos mitades. Se echa el metal fundido sobre el modelo de resina el cual se ha situado sobre una caja de moldeo y al que se le ha añadido un material de soporte alrededor.

El proceso está explicado en las siguientes figuras:la cantidad (espesor) de concha depende en la temperatura del patrón y del tiempo en que permanezca la arena en contacto con él. Se voltea el modelo una vez formada la concha para recuperar la arena que sobra.

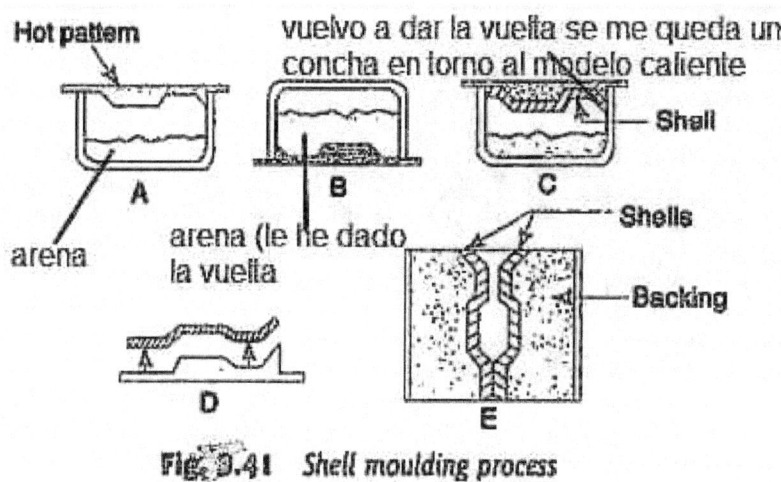

Fig. 9.41 Shell moulding process

(A) Sand resin mix in a box
(B) Sand-resin mix dumped over a heated pattern
(C) Shell fromed over the pattern
(D) Shell stripped from the pattern
(E) Two shells joined together to form a complete mould and supported in backing material before pouring molten metal

Principles of foundry technology P.L. Jain p.125

The Shell process is useful when dimensional accuracy in molds and cores is essential.

Many foundries use the technique for cores only. Such cores are usually of intricate design.

Nota histórica: when the shell process was introduced, the foundries had to mix a powdered phenolic resin with the sand. If the foundryman failed to mix the resin and sand thoroughly, the mix often segregated (separar).A major breakthrough was the introduction of a precoated resin sand. With the sand grains all uniformly coated with resin, the foundryman could be confident of producing homogeneous shells.

The controlling factor in shell formation is the viscosity of the resin. If the resin´s melt viscosity is too low, the core may have a defect, known as peelback. Peelback is the condition in which a sand layer curls away from the core box before the sand can harden for stripping. (retirada del modelo de la core box)

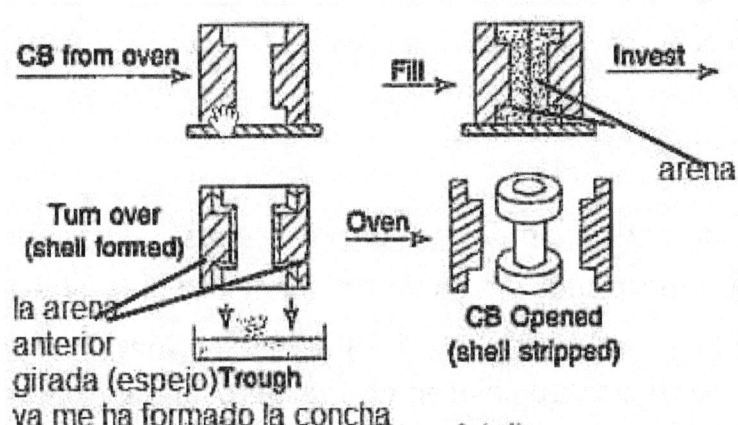

Principles of foundry technology P.L. Jain p.126 fig.3.42

Binder: phenolformaldehyde (novolacresins)

Catalizador: hexamethylenetetramine (abreviado hexamine o hexa)

$$novolac + hexamethylenetetramine \xrightarrow{heat} cured\ polymer + ammonia$$

Ventajas del procedimiento Shell core:

1.- producen un excelente core o superficie del molde

2.- buena exactitud dimensional.

3.- pueden ser almacenados por periodos indefinidos de tiempo.

4.- el sistema puede ser de alta producción.

5.- puede usar otros materiales refractarios diferentes de la arena de sílice.

6.- usando machos con agujero y moldes (hechos en Shell) delgados, se ahorra material.

Desventajas:

1.- hay limitaciones de tamaño en los cores y moldes.

2.- requiere energía térmica para el proceso.

3.- debido al calor requerido, las cajas de machos a usar son caras, y por tanto el proceso ha de usarse para tiradas medias-altas.

4.- proceso limitado a pequeños castings de acero y aquellos que precisen tirada media-alta.

5.- desprende una gran cantidad de gas durante el moldeo y el vertido (el cual debería ser eliminado del ambiente)

1.4. Coreoil

Tipos: un sistema de ligado que usa agua y cereal para desarrollar resistencia en "verde" y después cura o seca en caliente, mediante aire "forzado", se refiere a un proceso *core-oil*. Dentro de estos tipos caen el *linseed o ligamentos vegetales, urea formaldehyde y resol phenolicresin*.

Aceites vegetales combinados con agua y arena para conformar resistencia en verde y que curan en un horno caliente.

1.4.1. Oil sand

Es el más antiguo de los procesos de fabricación de macho por aceites. Los granos de arena (normalmente de sílice) son mezclados y recubiertos mediante un aceite o resinas y otros ingredientes. Cuando el macho o las mitades de macho son compactadas en la caja de machos, se sacan y se colocan en secaderos para machos. Estos recipientes están hechos de metal u otro material resistente al calor y son maquinados según el contorno del macho. Una vez colocado el macho en su lugar (ver línea anterior) se sitúan en un horno a temperatura de 205-232 ºC sobre al menos una hora por pulgada de espesor de macho. Cuando los machos se hayan enfriado, aquellos que se hayan de producir en dos o más partes se pegan juntos. A veces esta operación requiere de algún "arreglo posterior" y los machos pegados podrían tener que pasar por el horno de nuevo para ayudar al pegamento a desarrollar suficiente resistencia.

Ventajas:

1.-pueden ser usadas cajas de madera o de plástico para producciones de baja cantidad.

2.- en su mayor parte, los machos producidos por aceite tienen buenas propiedades de *shakeout* (extracción tras su uso)

Inconvenientes:

1.-El proceso precisa energía térmica para curar.

2.-*metal driers* (los soportes que hablábamos antes) son necesarios para apoya el core mientras cura en el horno.

3.- este tipo de macho genera una gran cantidad de gas.

4.-este proceso toma un tiempo considerable para completarse.

5.- la tolerancia dimensional para los machos pegados no es tan buena que para los hechos de una sóla pieza.

Muchos procesos de dry sand molds requieren post-curado del macho en un horno, (para completar el curado). No así el warm box.

Las estufas son de circulación de aire y gases calientes para facilitar la oxidación del aceite de la arena de los machos y arrastrar el vapor de agua que desprenden al calentarse. Hay varios tipos de estufas: las de bandejas, las discontinuas, y las continuas.

Las de bandejas: formadas por un armario metálico con bandejas, en cuya parte inferior está el hogar donde se quema el carbón, aunque también se caldean con quemadores de gas.

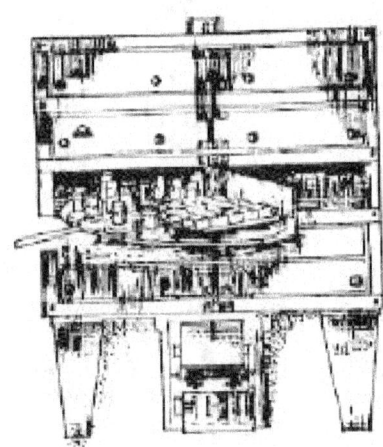

Fig. 4.15.—Estufa de bandejas, para el cocido de machos.

tecnología mecánica y metrotecnia vol 1 de Jose María Lasheras editorial donostiarra p. 84, fig.4.15

Estufas discontinuas: en este caso se trata de baterías de estufas, provistas de un hogar común, con ventiladores para enviar el aire y los gases calientes a un conducto general con registros que permiten la entrada de aire y gases a cada estufa y regular así su temperatura. Este sistema tiene la ventaja de que permite dedicar cada estufa a un tipo determinado de machos, cuyo cocido se realiza independientemente de las demás estufas.

Estufas continuas: Las estufas continuas están formadas por una cámara horizontal o vertical, por la que circula un transportador de cadenas con plataformas en las que se colocan los machos. Esta cámara lleva adosado un hogar donde se quema el carbón que caldea el aire que circula por la cámara de la estufa.

Ovens can be fired by either gas or oil.

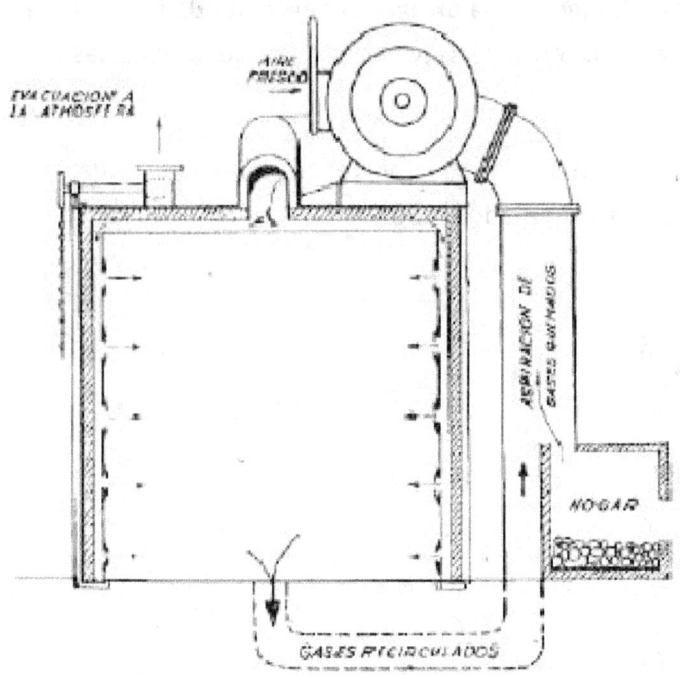
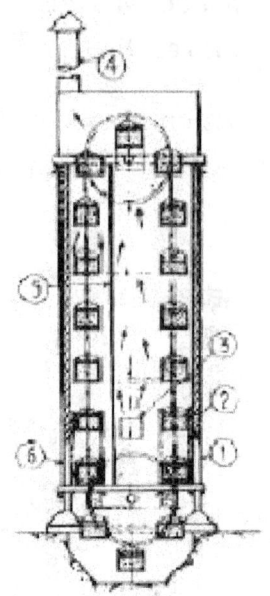

Fig. 4-16.—Sección de una estufa discontinua sistema Pierson, con recirculación de gases.

Fig. 4-17.—Estufa continua para el cocido de machos: 1) puerta de carga; 2) bandejas; 3) entrada de gases calientes; 4) chimenea; 5) tabique deflector; 6) puerta de descarga.

tecnología mecánica y metrotecniavol 1 de Jose María Lasheras

editorialdonostiarrap. 85, fig.4.16,4.17

La carga se realiza por un costado de la estufa y la descarga por el extremo opuesto, y si se regula bien la velocidad de la cadena transportadora, el tiempo de permanencia de los machos de cada plataforma en la estufa será suficiente para su secado completo.

Las estufas continuas son muy adecuadas para talleres de fundición que realicen trabajos en serie con fabricaciones en masa de machos de tamaño y tipo sensiblemente uniforme. Para el cocido de machos de grandes dimensiones se emplean estufas de tipo horizontal, que en ligar de plataformas llevan vagonetas.

2.1.Procesosautofraguantes No bake:

Los sistemas más ampliamente usados en los sistemas de ligado sin calor usan catalizador en forma líquida. La arena refractaria es recubierta con el catalizador y después el ligante es añadido. La reacción química entre el ligante y el catalizador empieza inmediatamente tras el contacto. La acción puede ser alargada o acortada ajustando la cantidad de catalizador, y la temperatura de la arena, ligante o catalizador.

Cuando el macho o el molde han curado lo suficiente pueden ser extraidos de la caja de machos sin distorsión. Los machos o moldes después se les permite un curado posterior más cuidadoso, después del cual un recubrimiento podría ser aplicado para ayudar a proteger la arena refractaria del calor y la acción erosiva del acero vertido según penetra en la cavidad del molde.

Los sistemas sin calentamiento por aire no permiten altas tasas de producción. Esto es principalmente debido al tiempo necesario para curar de forma precisa el macho o el molde. Los tiempos para su desligamiento de la caja de machos pueden variar desde minutos a una hora dependiendo del sistema usado. Se podrían usar castings de todos los tamaños y complejidad.

Ventajas:

1.- madera y en algunos casos plástico pueden ser usados en las cajas de machos.

2.-debido a la rigidez del molde, se pueden alcanzar buenas tolerancias dimensionales.

3.- Las mezclas con arena tienen buena fluidez.

4.-Los acabados son muy buenos.

5.-Se requiere menor destreza para los operarios que realizan estos machos o moldes.

6.- la mayoría de los sistema tienen excelente shakeout (extracción del macho posterior)

7.- los machos y los moldes pueden ser almacenados indefinidamente.

Desventajas:

1.- ya que los ligantes usados en la mayoría de estos sistemas son derivados del aceite crudo, sus precios fluctúan. (puede ser una ventaja o inconveniente)

2.-El tiempo requerido para curar bien los moldes y machos puede retrasar la producción.

3.- se ha de prestar especial atención a los niveles de ligante y catalizador para evitar los problemas de *hot tears* (ver tema defectos) debidos a la mala colapsabilidad de los machos y de los moldes.

4.- Para desprenderme de las arenas usadas necesito aplicar regeneración (ver tema)

5.- muchos de estos sistemas desprenden gases durante el mezclado, moldeo, curado, y vertido, lo cual necesita de su recolecta y eliminación.

2.1.1. Furans/FenolicAcid no bake:
se basa en el empleo de resinas furánicasy fenólicas como catalizador. Al ser ácidas de ahí el nombre. Alta dureza y muy buenas propiedades térmicas.

2.1.1.a: furan acid no bake

Aglutinante (binder): furan (furfuryl alcohol)

El ácido furfurílico es el más empleado en resinas furánicas. El ácido fulfurílico se obtiene del furfural, que es un producto secundario provenientede la caña de azúcar.

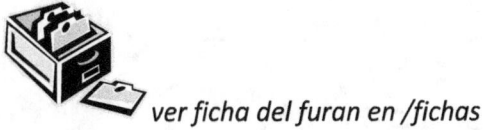 *ver ficha del furan en /fichas*

Catalizador: ácido

Este tipo de cores tiene poca vida útil, con lo cual deberá ser utilizado directamente en vez de almacenado.

type and temperature are constant. The furan no-bake curing mechanism is shown in Fig. 2.

AsmMetalshandbookvol 15.Casting p.468

Furan no bake nos da alta precisión dimensional y un alto grado de resistencia a los defectos de la interfase metal-arena, a pesar de que ellos se descomponen muy rápido después de que el metal haya solidificado, dándonos un excelente shakeout. También nos dan una alta resistencia a la tensión.

2.1.1.b: fenolicacid no bake

Aglutinante (binder): resinas fenólicas ácidas.

Catalizador: paratoluenosulfonicacid, bencenesulphonic y phenolsuphonicacid. (catalizador es ácido)

La reacción para el mecanismo de no-bakees :

Phenolic resin + acid catalyst->cured polymer+water

La principal función del catalizador es el promover la condensación de la resina y avanzar en el curado mediante la reacción de ligamientos (cross-linking). Las proporciones son de 1 a 3% del aglutinante por peso de la arena y 30 a 50% del catalizador por peso del aglutinante.

2.1.2. Alkyd no-bake systems: (oil uretane no bake resins)

Aglutinante (binder) aceite seco con unpoco de alkydresin.

Endurecedor /acelerador : cobalto, plomo en formas líquidas. La función de ellos es acelerar la reacción química.

Catalizador: isocyanato.

Mecanismo del alkyd-oil urethane (es un proceso de dos etapas que involucra:

$$alkyd + NCO(polymeric\ isocyanate)(partial\ cross-link) + urethane\ catalyst \rightarrow alkyd\ urethane$$

$$alkyd + O_2 + metallic\ driers \rightarrow rigid\ cross-linked\ urethane$$

2.1.3. Ester cured alkaline phenolic no bake

Binder (aglutinante):[2] resinas fenólicas alcalinas+liquidesterco-reactant.

re·ac·tant

A substance participating in a chemical reaction, especially a directly reacting substance present at the initiation of the reaction.
Examples: H_2 and O_2 are reactants in the reaction $H_2(g) + 1/2\ O_2(g) \rightarrow H_2O(l)$.
Por tanto, co-reactant es que reacciona consigo mismo. (en éste caso es /[o funciona a la vez como]binder y catalizador)

Catalizador: éster.

Reacción: (proceso de curado/fraguado) $Alkaline\ phenolic\ resin + ester\ co-reactant \rightarrow suspectec\ unstable\ intermediate \rightarrow splits\ to\ form: {polymerized\ phenolic\ resin \atop Alkaline\ salts\ and\ alcohol}$

2.1.4. PhenolicUretane no bake

Binder: phenolformaldehyderesin (el binder consta de 3 partes –ver reacción más abajo-)

Catalizadores: isocyanate y amine(aminas)

$$liquid\ phenolic\ resin\ (part\ I) + liquid\ polyisocyanate\ (part\ II) + liquid\ amine\ catalyst(part\ III) = solid\ resine + heat$$

 *ver catálogo en /apuntes/cores*

http://www.ha-international.com/content/products/amine.aspx

2.1.5. Arenas al silicato-ester

Esta mezcla no presenta toxicidad alguna, ni siquiera en contacto directo y es de una velocidad de fraguado tal que el desmodeado se puede hacer a los pocos minutos, quedando el moldelisto para ser colado alas 6-8h con resultados satisfactorios, aunque su resistencia máxima la alcanza al cabo de 12-24h. El costo de esta arena es superior a la de la arena en verde, pero con el desarrollo de las recuperadoras de arenas, se ha conseguido que su empleo sea económico. La calidad de las piezas es buena, aunque no tanto como en otros procesos. El pintado con arena de circonio mejora de manera sustancial la piel de las piezas pues tapa las porosidades en exceso y elimina la rugosidad existente, a la vez que aumenta el poder de refractariedad. La aplicación de esta pintura que utiliza como disolvente el alcohol, hace que pueda quemarse éste acortando el tiempo de secado.

Este proceso *no bake* consiste en un aglutinante de sodio-silicato y un éste líquido orgánico que funciona como catalizador. El porcentaje del aglutinante $SiO_2: Na_2O$ es de 2.5 a 3,2:1 y este a su vez suponen un 3-4% de aglutinante (por peso de la arena)

Por tanto la tasa de curado dependerá en los porcentajes anteriores, y en la composición del agente curativo ester.

Table 1 A comparison of properties of no-bake binder systems

Parameter	Process[a]							
	Acid catalyzed		Ester cured		Oil urethane [2.1.2]	Phenolic urethane [2.1.4]	Polyoliso-cyanate	Alumina phosphate
	[2.1.1.a] Furan	[2.1.1.b] Phenolic	[2.1.3] Alkaline/phenolic	2.1.5 Silicate				
Relative tensile strength	H	M	L	M	H	M	M	M
Rate of gas evolution	L	M	L	L	M	H	H	L
Thermal plasticity	L	M	M	H	L	L	L	L
Ease of shakeout	G	F	G	P	P	G	E	G
Humidity resistance	F	F	E	P	G	G	G	P
Strip time, min[b]	3-45	2-45	3-60	5-60	2-180	1-40	2-20	30-60
Optimum (sand) temperature, °C (°F)	27 (80)	27 (80)	27 (80)	24 (75)	32 (90)	27 (80)	27 (80)	32 (90)

(no vistos: Oil urethane [2.1.2], Polyolisocyanate, Alumina phosphate)

Clay and fines resistance	P	P	P	F	F	P	P	F
Flowability	G	F	F	F	F	G	G	F
Pouring smoke	M	M	L	N	H	M	M	N
Erosion resistance	E	E	E	G	F	G	P(e)	G
Metals not recommended	(c)	...	...	...	...	(d)	(e)	...

(a) H, high; M, medium; L, low; N, none; E, excellent; G, good; F, fair; P, poor.

(b) Rapid strip times required special mixing equipment.

(c) Use minimum N_2 levels for steel.

(d) Iron oxide required for steel.

(e) Use with nonferrous metals

AsmMetalshandbookvol 15. Casting p.463,464

3.- Cold processes-gas catalyzed

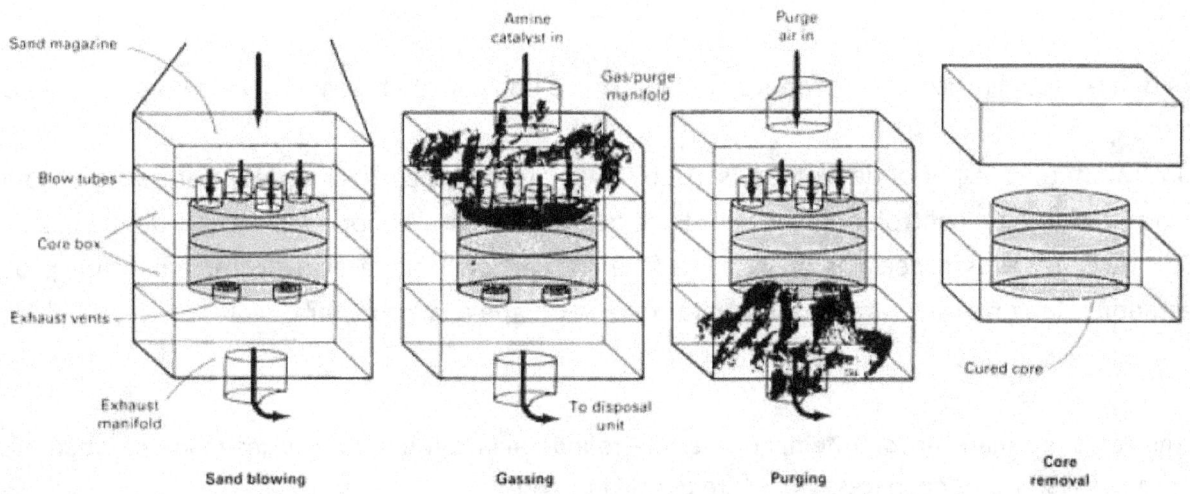

Fig. 2 The cold box coremaking process. The wet sand mix, prepared by mixing sand with the two-component liquid resin binder, is blown into the core box. The core box is then situated between an upper gas input

AsmMetalshandbookvol 15.Casting p.517 fig.2.

El gas catalizador entra a la caja de machos a través de los conductos de ventilación y pasa a través del macho, causando casi un endurecimiento instantáneo de la arena recubierta con resina. El macho se extrae de la caja de machos una vez que he purgado con aire puro durante unos segundos. El gas catalizador atraviesa el core y lo abandona a través de conductos de salida que lo llevan a un sistema apropiado de eliminación

A continuación vamos a hablar de los apartados 3.1 y 3.2 en general

Procesos de curado mediante gas

La resina phenolicuretane usada como catalizador puede ser catalizada mediante la amina o el gas SO_2. Ambos de estos procesos generan un olor ofensivo debido a los gases que se han usado, por lo que los gases de salida han de ser recolectados y tratados para eliminar dicho olor. Dichos procesos se utilizan fundamentalmente para producir machos, aunque no habría razón alguna para no poder usarlos para un molde.

Otros sistemas de curado por gas incluyen un estercuredphenolic el cual usa methylformete y no tiene el olor tan fuerte asociado con la amina o el gas SO_2

Ventajas del proceso con la amina o el gas SO_2 :

1.- el macho y la mezcla es muy fluido y de esta forma requiere poca energía para la compactación.

2.- el *shakeout* y la colapsabilidad es muy buena.

3.- las dimensiones obtenidas son muy buenas.

4.- el acabado superficial es excelente.

5.- estos procesos son usados para producciones muy altas, ya que el tiempo de ciclo es muy bajo.

6.- los machos y moldes usados en estos procesos tienen larga vida en espera (en almacén)

Desventajas:

1. Ya que en estos procesos se produce soplado sobre una caja de machos, la caja ha de ser hecha de metal.
2. Un tratamiento especial de frotado (scrubbing- ver tema regeneración de las arenas de moldeo-) es requerido para controlar el olor tan fuerte que deja el catalizador sobre la caja de machos.
3. Se precisan sellos especiales en la superficie de partición de la caja de machos para producir estanqueidad en el gas catalizador y evitar que se escape a la atmósfera.

Because the cores are made at room temperature, the foundryman can use core boxes made of wood, plastic, metal, or composites. Heat is not necessary to cure to cold box core.

3.1. ProcesoGasharz/Isocure(PhenolicUretane Cold Box)

Binder: (este proceso utiliza dos binders –orgánicos-) phenolicresin + polimericisocianateresin (ambos disueltos en un solvente)

Catalizador (gas): dimetiletilamina (amina)

When the foundryman shoots catalyst, such as triethylamine, (o dimetiletilamina), through the two parts of the system, the hydroxyl groups of the liquid phenolic resin combine with the isocyanate groups of the liquid polyisocyanate to form a solid urethane resin, which is the binder for the core.

Se realiza la mezcla arena + binders y se compacta un poco. Se hace pasar el agente catalizador y se produce la reacción que endurece (cures)

El proceso simplificado de la reacción de cura para el proceso PUCB es

$$Phenolic\ resin + Polyisocyanate \xrightarrow{vapor\ amine\ catalyst} urethane$$

Después se hace pasar un barrido de aire para eliminar el gas residual (amina). Tiempo de ciclo: 25 sg a 2min.

Sand should be as dry as posible. Moisture in the sand detracts (disminuir, mesmerecer) from the physical properties of the finished cores. Moist sand causes a decrease in both core strength and bench life. The maximum allowable moisture in the sand is 0,2 percent.

3.2. SO_2 process (Furan / SO_2)

Binder: furfuryl alcohol base resins (furan)

+ peroxides (orgánicos) que reaccionan con el gas catalizador SO_2

Catalizador (gas): SO_2

El proceso simplificado de cura para el proceso SO_2 es

$$Furan\ binder + H^+ \xrightarrow{calor} cross-linking(polycondensation) + dehydration$$

The resin, organic peroxide and sand mixture are placed into the corebox. The SO_2 gas catalyst is the blown thrugh the mixture which hardens the resin.

The bench ("taller") life of the SO_2/resin core mixture is much improved over CO_2/sodium silicate process and the cores made with SO_2/resin core mixture have unlimited bench life. Other advantages of the SO_2 system are improved shakeout. During pouring, the total gas evolution from the core is much lower than most nobake systems.

Para eliminar el SO_2: mediante *scrubbing y wetscrubbing* (el cual utiliza una ducha de agua de un hidróxido sódico)

Scrubbing: frotar, lavar, limpiar

3.3. Proceso Resan o Betaset (Phenolicestercold box- FECB)

Binder: alkalinephenolicresin

Catalizador (gas): volatileester vapor (preferiblemente methylformate (formiato de metilo)

$$Alkaline\ phenolic\ resin + ester\ co-reactant \xrightarrow[reactivo\ intermedio]{} Polymerized\ phenolic\ resin$$

Lo mismo de siempre: se mezcla la arena con el binder, se hace pasar el catalizador, cura y se pasa aire para limpiar el gas (catalizador) residual.

3.4. Sodium silicate/CO_2

Binder: sodium silicate Na_2SiO_3

Catalizador (gas): CO_2

En este caso, los aglomerantes silicatos no tienen olor, tampoco son inflamables, y provocan una cantidad mínima de emisiones volátiles.

Es el más antiguo de los procesos de catalización por gas.

Ventajas:

1.- si el proceso se utiliza para desarrollar machos podría ser automatizado y usarse para largas tiradas de producción

2.- se puede obtener un macho muy rígido, y con buenas tolerancias dimensionales.

3.- buenos acabados superficiales.

4.- para la caja de machos se puede utilizar materiales plásticos y de madera.

5.- se pueden obtener machos tanto pequeños como grandes

Desventajas:

1. Cuando este proceso se utiliza para grandes tiradas, deberá ser empleado una caja de machos de metal.
2. Las piezas obtenidas no deberían de ser almacenadas durante largos periodos ya que el aglutinante es higroscópico (absorbe agua del ambiente), lo cual debilita el aglutinante.
3. Este proceso tiene pobre shakeout y collapsibility (aunque podría ser reducida mediante añadidos de materiales orgánicos- los cuales se queman en el vertido-, pero esto incrementaría el gas generado.
4. Los machos y arenas de moldes de este proceso son muy difíciles de recuperar.

(1)the core boxes in which the cores are shaped.

(2) short bench life: once the core has been made it has to be used as quick as possible. La razón es porque el *binder* es muy propenso a coger humedad, lo cual debilita el binder.

Nota: the core boxes should be coated with cellulose varnish. (normal varnish soften on contact with the sodium silicate). Problems with the sand sticking to the core box can result from using a normal varnish with the CO_2/sodium silicate process.

Weight ratios: 2:1 $SiO_2:NaO_2$ (two parts silica to one part sodium oxide). This Is mixed carefully with the sand so each grain is coated with a film of sodium silicate.

When CO_2 gas passes through the mixture, the reaction converts the sodium oxide (NaO) to hydrated sodium carbonate ($Na_2CO_3 + H_2O$) As the core gels, the $SiO_2:NaO_2$ thickens, becoming more viscous and finally solid.

El modelo con CO2 es similar al moldeo en arena, con la particularidad de que los moldes se endurecen al ponerlos en contacto con el CO2. El contacto del CO2 con silicato de sodio (Na_2CO_3), preparado para este fin, produce un gel de sílice (SiO_2H_2O) (vídrio líquido) que actúa como aglutinante endureciendo el molde o el macho.

Table 3 Comparison of properties for cold box binder systems

Parameter	Process[a]				
	3.1. Phenolic urethane	3.2. SO_2 process (furan/SO_2)	3.3. FRC process acrylic/epoxy	3.4. Phenolic ester	Sodium Silicate CO_2
Relative tensile strength	H	M	H	L	L
Rate of gas evolution	H	L	H	L	M
Thermal plasticity	L	N	L	L	H
Ease of shakeout	G	E	G	G	P
Moisture resistance	M	H	M	M	L
Curing speed	H	H	H	M	M
Resistance to overcure	G	G	G	G	P

Optimum temperature, °C (°F)	24 (75)	32 (90)	24 (75)	24 (75)	24 (75)
Clay and fines resistance	P	P	P	P	F
Flowability	G	G	E	F	P
Bench life of mixed sand	F	G	E	F	F
Pouring smoke	H	L	M	L	N
Erosion resistance	G	E	F	E	G
Veining resistance	F	F	G	G	F
Metals not recommended	(b)	...	(c)	...	...

(a) H, high; M, medium; L, low; N, none; E, excellent; G, good; F, fair; P, poor.

(b) Iron oxide required for steel.

(c) Binder selection available for type of alloy

AsmMetalshandbookvol 15. Casting p.465,466

*Internet:*http://www.euskatfund.com

Ver videos metalcasting at home 27,29,13,30,making core

ANEXO I: TERMOESTABLES

La mayoría de los termoestables provienen de largos monómeros. Ellos reaccionan unos con otros o con pequeñas moléculas de unión (como el formaldehyde) en una reacción de condensación – una la cual activa- desde una molécula de –OH y otra –H para formar H_2O (un subproducto), soldando las dos moléculas juntas. Ya que una de las dos moléculas es polifuncional, se forman redes al azar tridimensionales. Debido a la unión cruzada, los termoestables no se fusionan cuando son calentados (aunque finalmente ellos se descomponen), ellos no se disuelven en solventes (como harían los polímeros lineales) y ellos no pueden ser formados después de la polimerización (como hacen los polímeros lineales). Pero por la misma razón ellos son químicamente más estables, son usados a una más alta temperatura, y son generalmente más rígidos que los termoplásticos. El principio irreversible que activa a los termoestables es particularmente usado para adhesivos y recubrimientos, y como matriz para los elementos compuestos reforzados con fibras de vidrio.

Los termoestables se obtienen a partir de la mezcla de dos componentes (una resina y un endurecedor) que reaccioan y endurecen, tanto a temperatura ambiente como con calentamiento. El polímero resultante normalmente se encuentra muy entrecruzado, de manera que los termoestables a veces se describen como polímeros red o reticulados (enlaces covalentes). Los entrecruzamientos se forman durante la polimerización de la resina líquida y el endurecedor, por tanto la estructura es casi siempre amorfa. El entrecruzamiento activa las cadenas de moléculas en un lugar determinado, de forma que impide un arreglo molecular de una estructura cristalina (los termoestables sólo existen en el estado amorfo).La formación de esos enlaces entrecruzados es conocido como *curing*. Al recalentar, los enlaces secundarios adicionales se deshacen y el módulo del polímero cae, pero los entrecruzamientos previenen una verdadera fusión o flujo viscoso de manera que el polímero no puede trabajarse ni moldearse en caliente (se convierte en una goma). Un calentamiento posterior sólo provoca su descomposición.

Los termoestables genéricos son las epoxi y los poliésteres (ambos ampliamente utilizados como matrices en polímeros reforzados con fibras) y los plásticos basados en formaldehido (ampliamente utilizados para moldeo y superficies duras). Otros plásticos de formladehído, que ahora reemplazan a la baquelita, son los de ureaformaldehído (utilizados para accesorios de electricidad) y los de melamina-formaldehído (utilizados para mesas de trabajo)

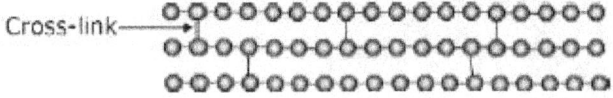

Ejercicio: sacar de internet una ficha de cada uno de los elementos vistos en este tema

*Ejemplo:***Hongye Chemical Co., Ltd. PRODUCT INFORMATION SHEET para el** Furfuryl alcohol

ANEXO II: mixed quemically bonded sand

TCT Tesic

http://www.tct-tesic.com/foundry-services-marketing/

ANEXO III: tarlike

Tar is modified pitch produced primarily from the wood and roots of pine by destructive distillation under pyrolysis

What was the tar-like substance coating the Pennsylvania Turnpike yesterday?

Hundreds of drivers on the Pennsylvania Turnpike near Pittsburgh yesterday found themselves bogged down in a sticky, black, tar-like substance that coated their cars' tires and left them

http://jalopnik.com/5862177/what-was-the-tar-like-substance-coating-the-pennsylvania-turnpike-yesterday

ANEXO IV (resúmenes)

Proceso	Descripción	Curado	Propiedades	Observaciones
dry sand mold	oils never used aloned (combined with cereals)		moisture resistence	desordenan muchos gases
hot box	liquid thermosetting binder and a latent acid catalyst mixed with dry sand and blown into a heated core box	requiere post curado en horno	excellent stripping propierties	pasted cores: malas dimensiones
warm box		no requiere post curado		
shell system	the resin is dry	short bench life	when accuracy is essential	viscosity of the resin (too low: peelback)
				nota histórica: precoated resin sand

furans-fenolic acid no bake	furan acid no bake / fenolic acid no bake	poca vida útil / high dimensional accuracy, excellent shakeout, high hot strength
alkyd no-bake (oil urethane no bake)		
ester cured alkaline phenolic		
phenolic urethane no bake		
arena al silicato-ester		sin toxicidad, velocidad fraguado relativamente alta / buena calidad mejorado con arena al circonio
GAS CATALYZED		
gasharz/isocure (phenolic urethane cold box)	catalizador (gas) amina	sand should be as dry as possible
SO2 (furan/SO2)	catalizador (gas) SO2	unlimited bench life, improved shakeout, pocos gases durante el pouring / offensive odor, collect gases
resina o betaset (Phenolic Ester Cold Box)	catalizador (volatil ester vapor)	
Sodium Silicate/CO2	binder: sodium silicate / catalizador: CO2	odorless, nonflammable, high production, minimum gases during pouring/cooling/shakeout / short bench life

MÁQUINAS DE CORES

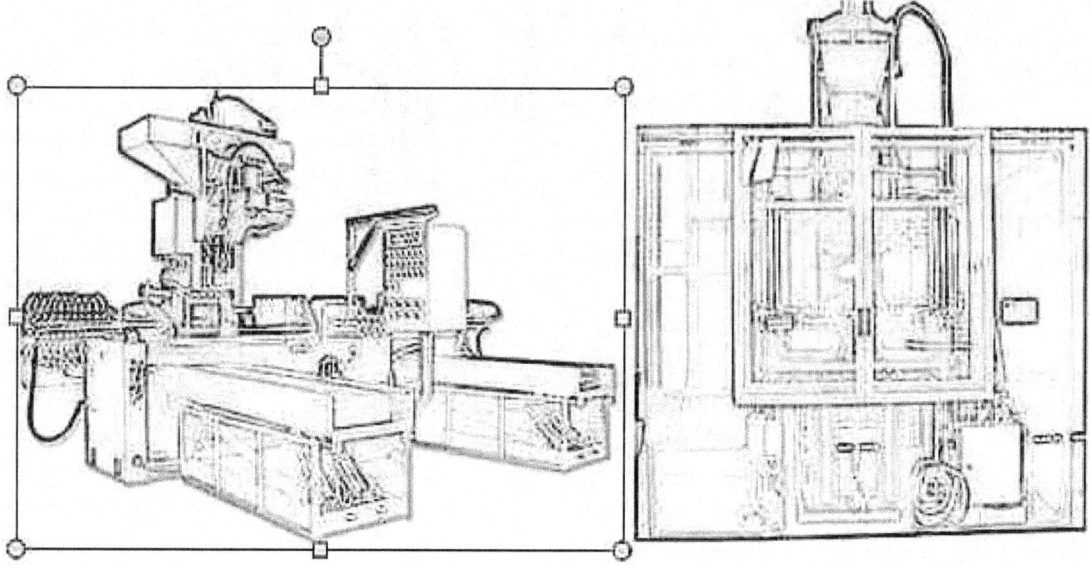

Source: internet

Disparadoras de machos

Es donde se realiza la fabricación de los machos. Hay de dos tipos: de partición vertical y de partición horizontal. El tipo de piezas a producir determina el tipo: las piezas esbeltas es conveniente dispararlas en una caja de partición vertical y las cúbicas o más regulares será conveniente fabricarlas en cajas de apertura horizontal.

Cuando las piezas son lo suficientemente complicadas (suele ser lo habitual) el macho no se puede fabricar de una sóla pieza, sino que se recurre a la agrupación de varios machos formando conjuntos que se suelen denominar "paquetes de machos"

 *ver catálogo de coreshooters y buscar en internet algún otro.*

 *ver video coreblowing machine*

Existen dos formas de unir los machos individuales entre sí:

- Proceso convencional, encolado con pegamentos en caliente o en frío.
- Key-coresystem, o sistema de macho candado, sistema desarrollado y patentado por Loramendi, S.A.

El proceso de Key-core, en lugar de utilizar cola para la unión de los machos, se realiza en éstos una hoquedad a través de la cual, y mediante una disparadora de machos especial, se dispara un macho candado que hace las veces de cola, uniendo sólidamente los machos individuales entre sí.

Nos vamos a referir en el término inglés (*gating system*) incluyendo todos los pasajes a través de los cuales el metal entra hacia la cavidad del molde. Incluye el *pouring basin, sprue, runner y gates*.

Principales requisitos del sistema de gating:

(i) El metal debería ser capaz de fluir a través del *gating system* con un mínimo de turbulencia y aspiración de los gases de moldeo para evitar la erosión de la arena y el atrapamiento de gases. Excesiva turbulencia tiene como resultado la aspiración de aire y la formación de escoria.

(ii) El metal debería ser introducido en la cavidad del molde de forma que los gradientes de temperatura establecidos en las superficies del molde y detro del metal nos faciliten la solidificación direccional hacia el riser (ver tema correspondiente)

Los métodos usados para conseguir las consideraciones deseables de diseño a menudo entran en conflicto unas con otros. Por ejemplo, los intentos de conseguir rellenar un molde de forma rápida resultan en velocidades que conllevan la erosión del molde. Como resultado, cualquier sistema de llenado será un compromiso entre las consideraciones en conflicto.

Pouring cup orpouringbasin: consta de una apertura para la introducción de metal a través del molde desde una cuchara de vertido. Un *Sprue* lleva el líquido hacia abajo hacia uno o varios *runners*, los cuales distribuyen el metal a través del molde hasta que puede entrar en la cavidad del casting a través de los *ingates*.

Runner extension: el uso de una extensión del runner más allá de la última entrada se fundamenta en los siguiente: El primer metal que entra en el sistema de llenado generalmente será el más altamente dañado por el contacto con el medio del molde y con el aire según fluye. Para evitar que este metal entre a la cavidad del molde, se usa la runner extension, de forma que las entradas se llenarán con un metal más limpio y menos dañado (el que sigue al inicio de la corriente de metal)

¿por qué se extiende el runner más allá de la última entrada? la primera parte que cuelo va a ser la que más "daño" genere al molde (es como si de repente dejo fluir un "torrente": las primeras corrientes son las que causan el mayor desgaste, luego que ya se llena, no se produce tanto desgaste) además de la mayor cantidad de atrapamiento de aire. Extendiendo la última entrada y no derivando directamente al ingate, me "ahorro" un poco estos problemas. (la primera cantidad de fluido es la que lleva más "porquería" de arrastre y también de aire, y así no la derivo directamente a la pieza en su parte más alejada.

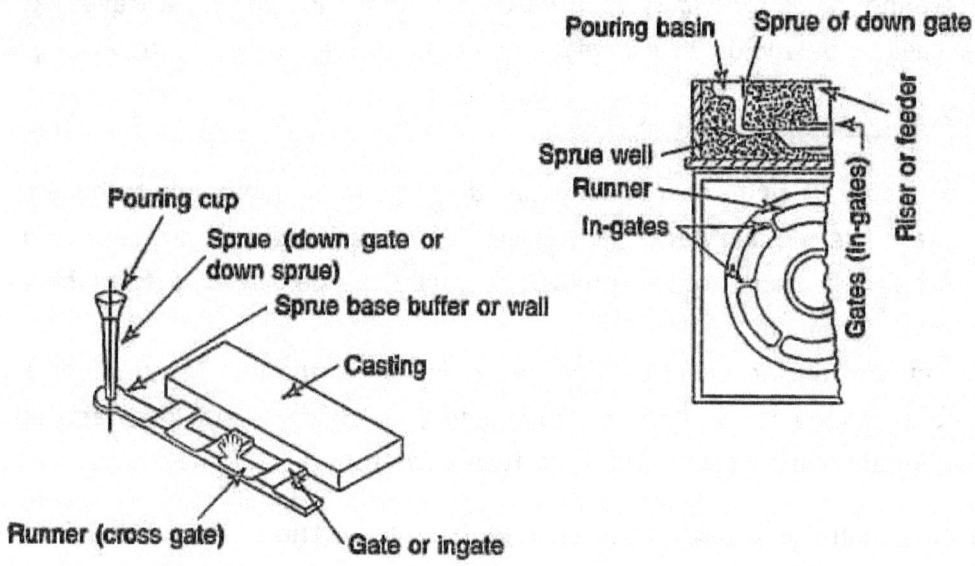

Principles of foundry technology P.L. Jain p.176 fig.5.1 Tata Mc Graw Hill Education

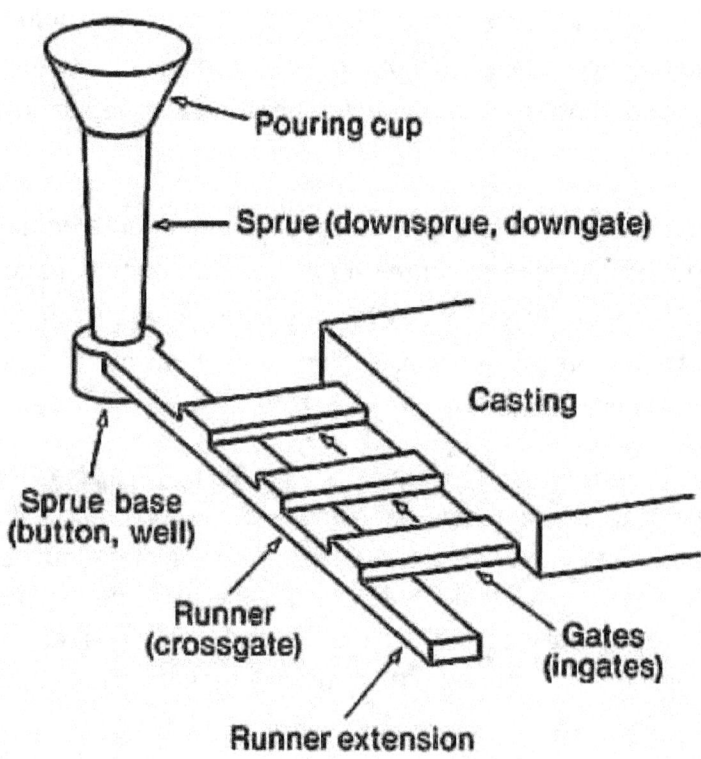

AsmMetalshandbookvol 15. Casting p.1281 fig.1

well¹ (wĕl)

1. A deep hole or shaft sunk into the earth to obtain water, oil, gas, or brine.
2. A container or reservoir for a liquid, such as ink.

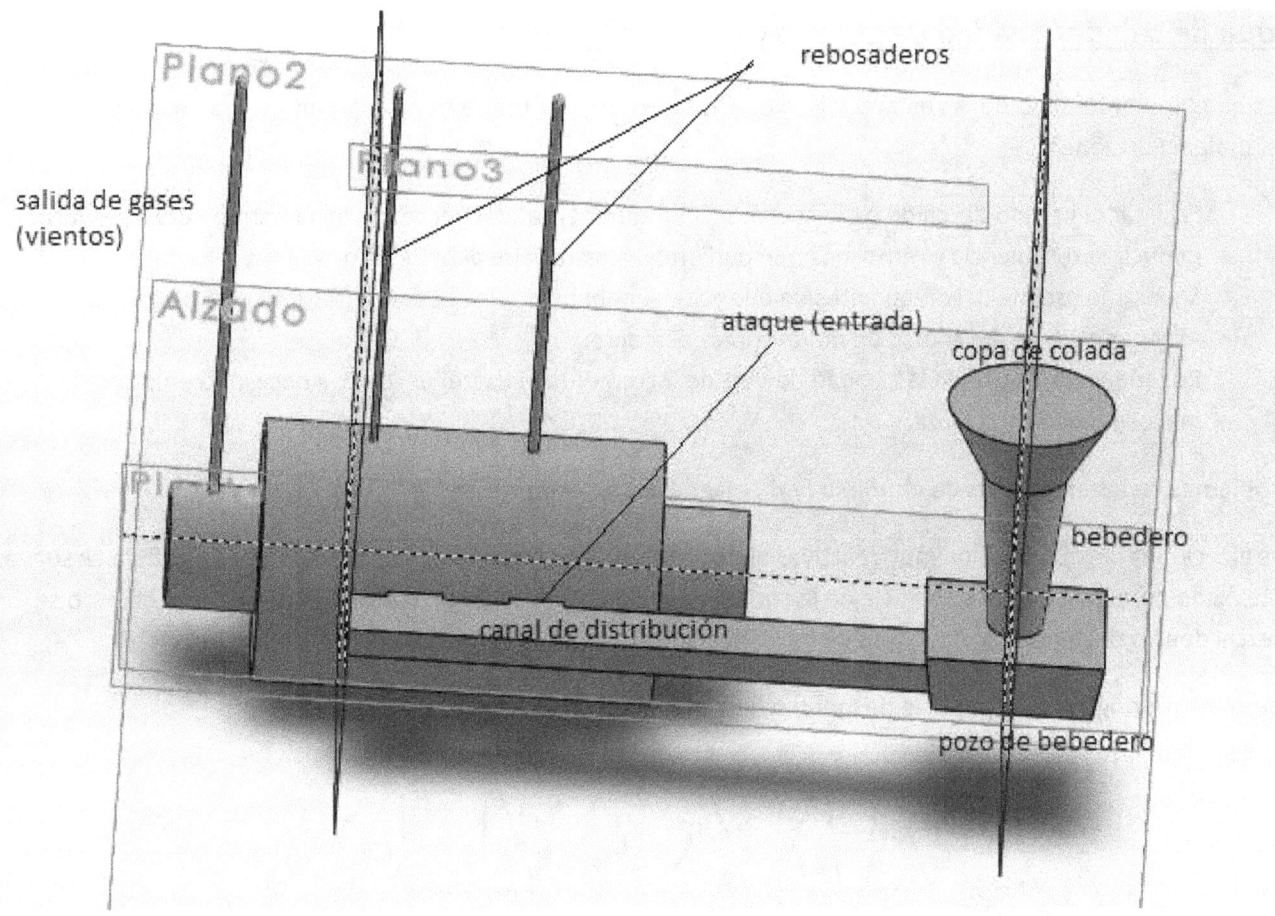

El <u>relleno rápido del molde</u> puede ser importante por varias razones, especialmente cuando tengo castings con espesor de pared muy fino, en los cuales la pérdida de calor desde el metal del líquido durante el relleno puede resultar en solidificación prematura, produciendo defectos (como por ejemplo *coldlaps*) o secciones de rellenado incompletas (*missruns*). El sobrecalentamiento del metal fundido puede incrementar la fluidez y retardar el enfriamiento (solidificación), pero demasiado sobrecalentamiento podría incrementar los problemas de aspiración de gas por el metal fundido y atenuar la degradación térmica del medio del molde (arena).

La alta velocidad de flujo impropiamente dirigida sobre un molde o una superficie de macho podría producir defectos en los castings erosionando la superficie del molde (y haciendo la cavidad más grande). El casting debe solidificar hacia el riser para que sea *sound (no haya defectos de cavidades)*, y las entradas deberían estar localizadas de forma que el molde se rellene desde abajo hacia arriba, de forma que los óxidos sean arrastrados hacia la superficie de arriba del casting hacia risers, donde no afecten a las propiedades del molde.

coldlaps: C311

Copa de colada/cavidad de vertido (*pouringbasin*)

Recibe el metal fundido de la cuchara y lo dirige al bebedero, de forma que se garantice la alimentación uniforme del molde. Funciones:

- Facilitar el vertido del caldo de la cuchara y mantener el caudal necesario en la entrada del bebedero.
- Reducir la turbulencia y remolinos que pudieran arrastrar aire al bebedero.
- Separar la escoria del metal antes de que pase al bebedero.
- Atenuar el golpe del chorro de metal contra el molde.
  Por supuesto, el uso de la cavidad de vertido incrementa el coste, pero sería necesario en casos de precisar mayor calidad de la pieza.

Problemas en las aleaciones de aluminio (y de magnesio) en el pouring:

Las aleaciones de aluminio son muy reactivas al oxígeno, y ellas forma un óxido, Al_2O_3. Cuando el flujo es suavo, este óxido permanece en la superficie de la corriente de flujo. Sin embargo, cuando es turbulento, el óxido se mezcla dentro del metal fundido y puede llevar gas o burbujas con el.

Solución: pouringbasins especiales de metal o de arena de machos (cores)

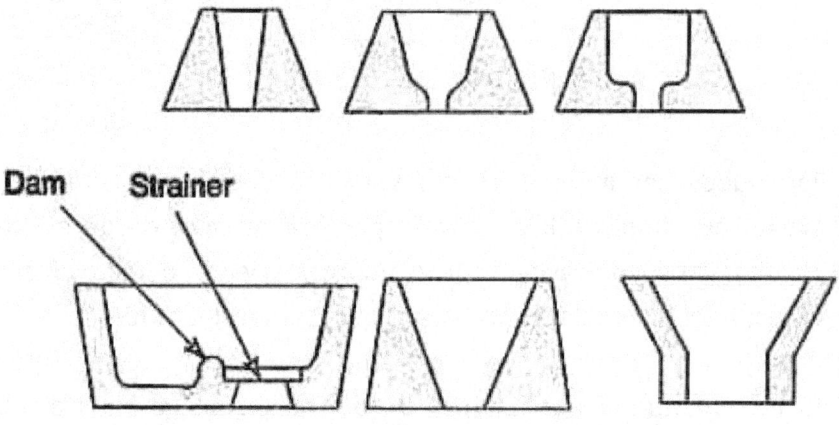

Principles of foundry technology P.L. Jain p.177 fig.5.2 Tata Mc Graw Hill Education

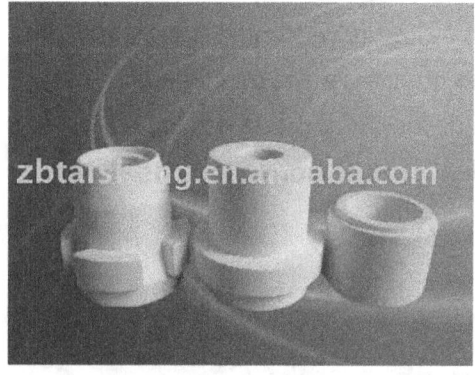

Source: http://zbtaisheng.en.alibaba.com/

Para conseguir buenos resultados en cuanto a que el flujo fluya de forma tranquila, se puede recurrir a un *dam* en el *pouringbasin* o incluso un filtro (tamiz) a la salida del *pouringbasin*.

Dam: presa de bóveda, dique de tierra

Strainer: filtro, tamiz

Filtros

Filtros: suelen ser de material refractario o de arena de moldeo con aceite de linaza que, al secarse en estufa, adquiere una gran dureza. Los filtros no dejan pasar las partículas extrañas y "dan tiempo" para que la corriente de flujo se "suavice" y "floten" sobre el flujo antes de entrar a la cavidad del molde.

Slag: costra; *dross:* escoria, corteza de metal

Bebedero (sprue)

La base del bebedero está generalmente alargada y hecha más profunda que el runner. Esto se denomina *spruewell*. Sirve como "acolchamiento" al peso del metal y absorbe su energía cinética. La anchura y profundidad del sprue son sobre 1,5 veces las del runner.

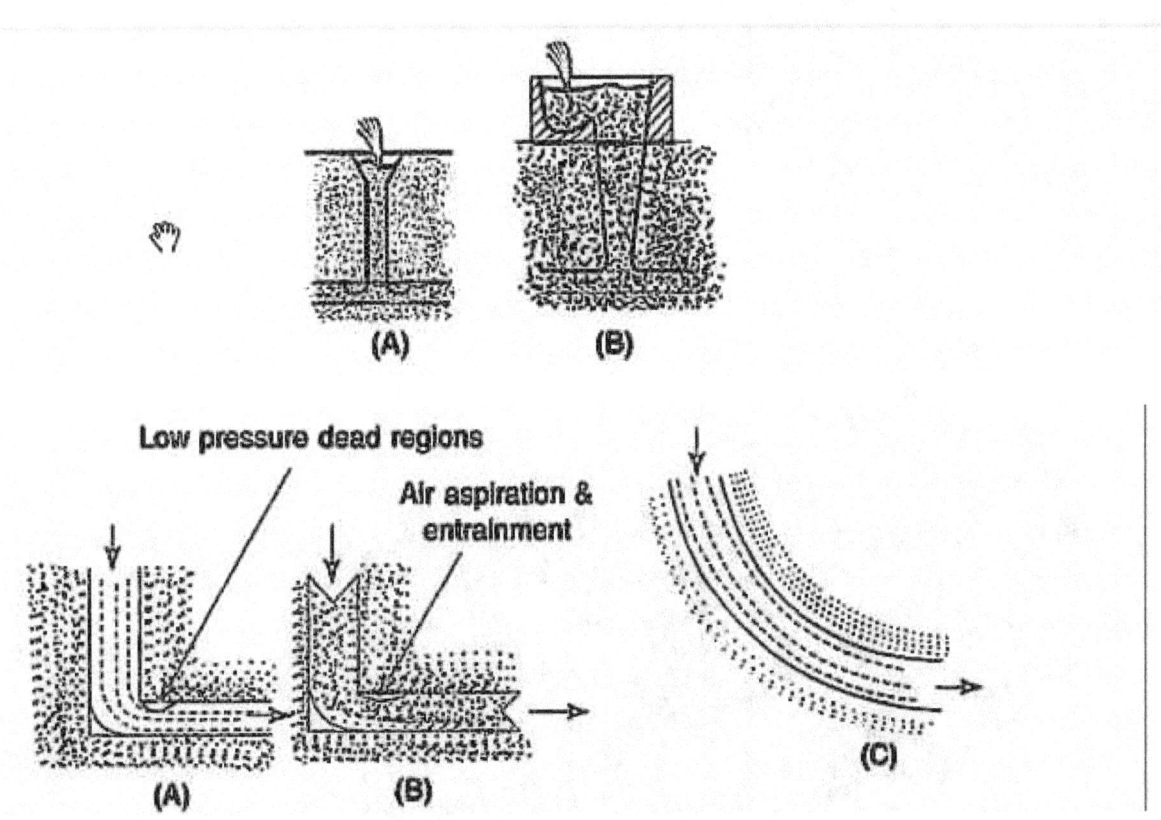

Principles of foundry technology P.L. Jain p.178 Tata Mc Graw Hill Education

Muchas unidades preparadas para las producciones en serie (alta cantidad) no están preparadas para acomodar sprues cónicos, así que el diseñador del sistema de alimentación tendrá que conseguir dicho efecto mediante una restricción, llamada *choke,* en o cerca de la base del sprue para forzar el flujo de caída hacia atrás y dentro del sprue.

back up
1. To cause to accumulate or undergo accumulation: The accident backed the traffic up for blocks. Traffic backed up in the tunnel.

SPRUE+ POURING BASIN

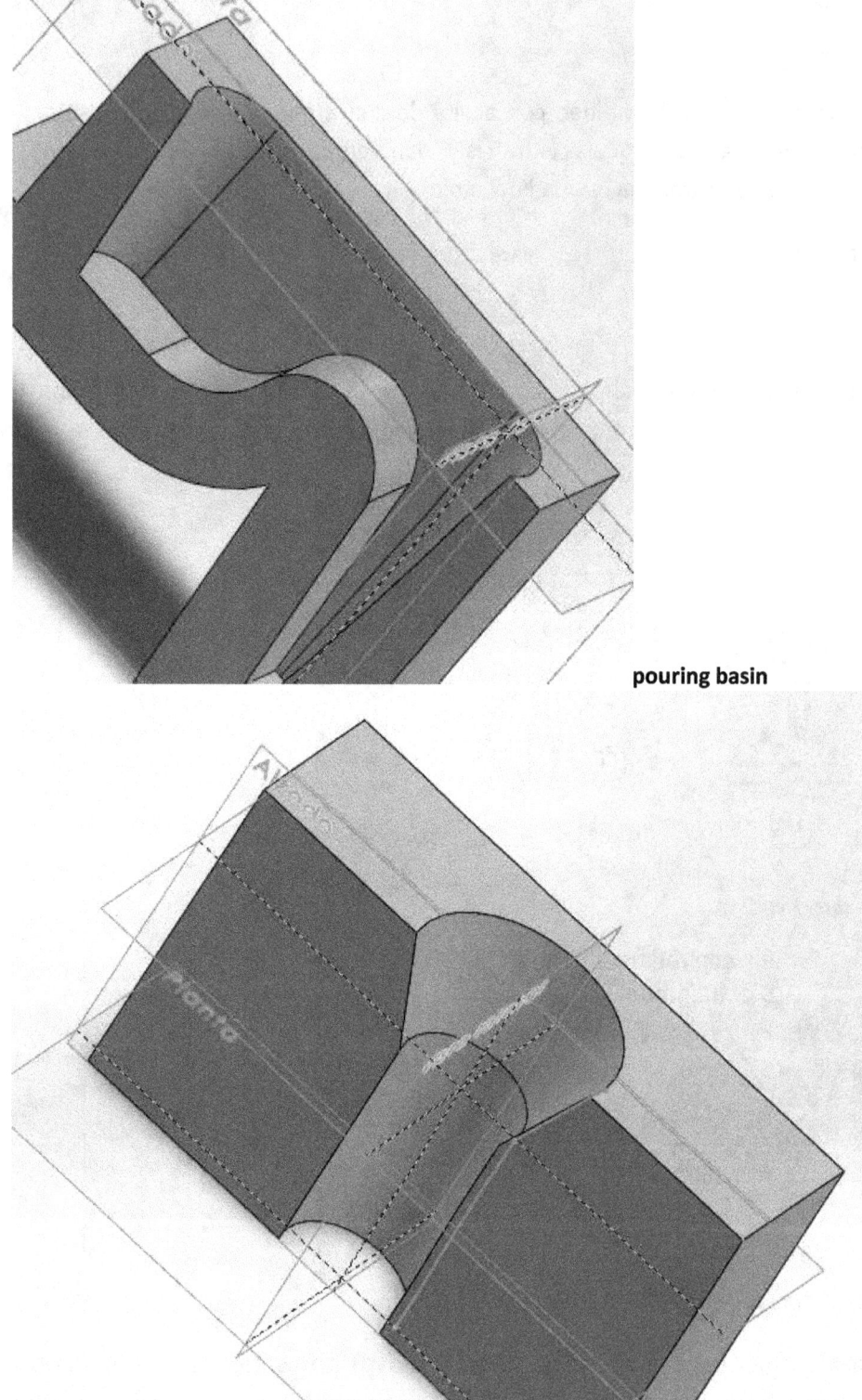

pouring basin

Pouring cup

Pouring cup: más económica y sencilla que el *pouringbasin*. Sin embargo, el metal cae directamente en el *pouring cup*.
Además en el *pouring cup* el fluido justo en el fondo tiene más velocidad, ya que cae desde una altura más elevada

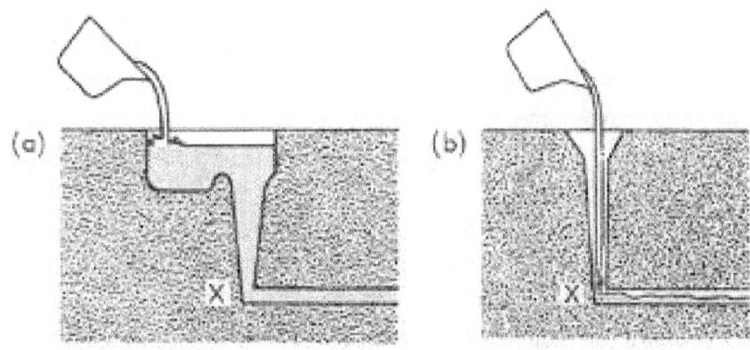

American foundry society /cast metals institute basic principles of gating p.16
Courtesy American Foundry Society, 1967, 2008, Schaumburg, Illinois USA (www.afsinc.org)

Incluso la forma del *pouring cup* anima a la formación de un remolino, lo cual precisamente es algo a

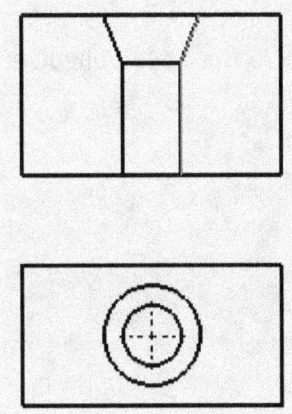

evitar

Cuanto más cerca esté el pouring cup de los límites del molde, más podremos volcar la cuchara y de esta forma vertiremos con menos energía, de manera que se alcanzarán menores velocidades en la base del sprue

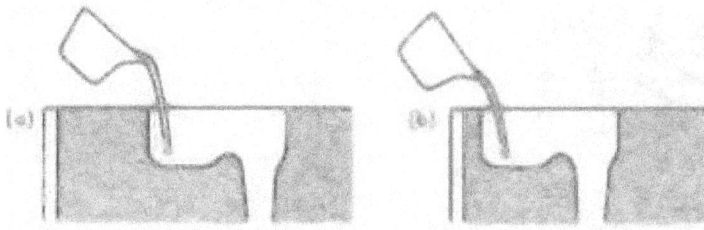

American foundry society /cast metals institute basic principles of gating p.17
Courtesy American Foundry Society, 1967, 2008, Schaumburg, Illinois USA (www.afsinc.org)

Por supuesto, debo verter fuera del *sprue* para evitar la formación de un remolino durante el vertido

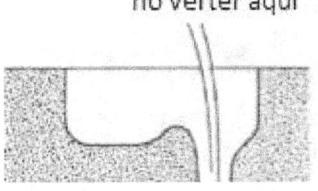
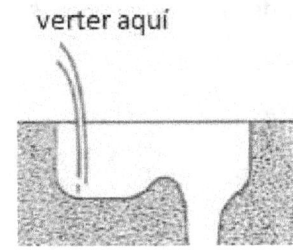

Siendo nuestro objetivo el evitar un "vertex" o remolino, la forma más indicada para la sección del sprue sería la forma rectangular, no la circular.

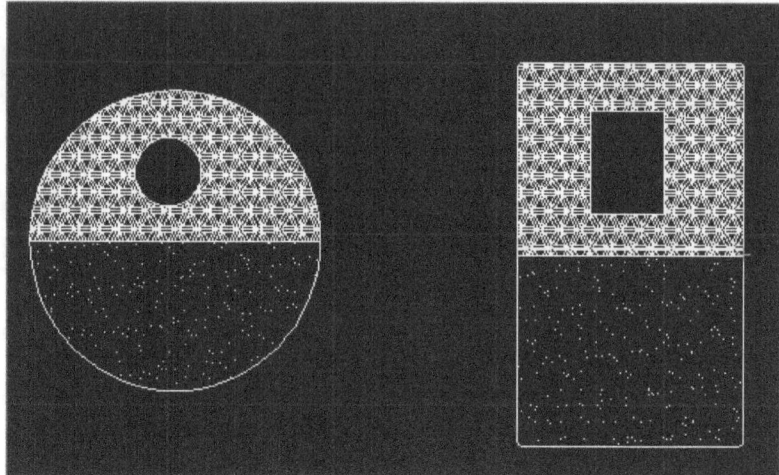

Un fluido en movimiento tiende a seguir en el mismo movimiento hasta que otra fuerza le obligue a cambiar su velocidad o dirección, según la primera ley de Newton.

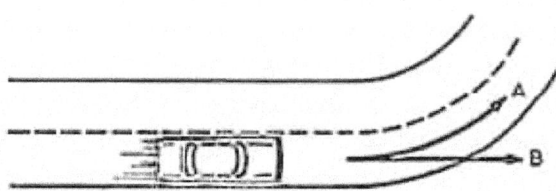

American foundry society /cast metals institute basic principles of gating p.7
Courtesy American Foundry Society, 1967, 2008, Schaumburg, Illinois USA (www.afsinc.org)

Así, el coche tenderá a continuar en la dirección B
Por el mismo razonamiento, el fluido tenderá a continuar en camino A.

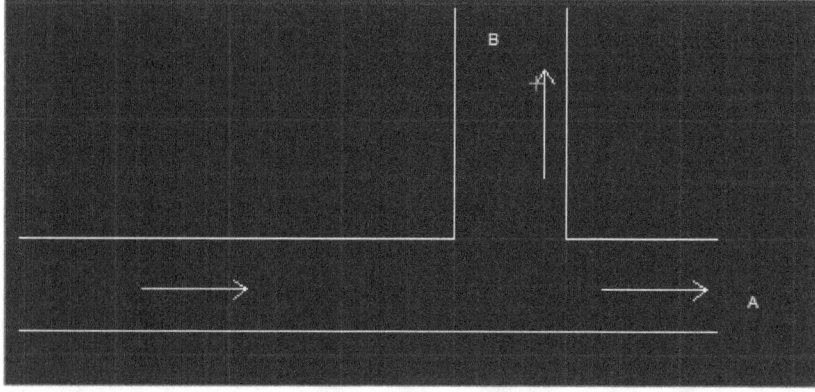

Cualquier cambio repentino de velocidad o de dirección tenderá a crearme turbulencia

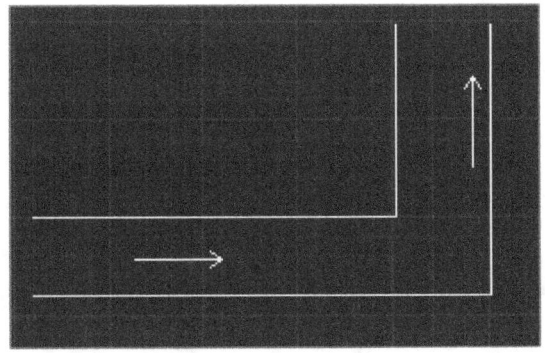

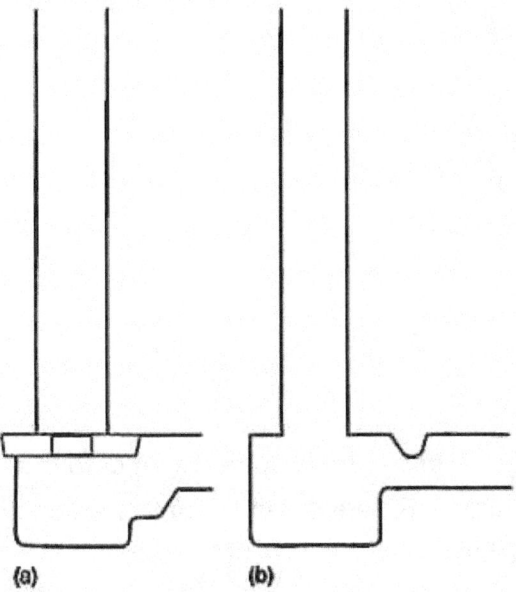

AsmMetalshandbookvol 15. Casting p.1285 fig.4

En los cambios de dirección, se crean zonas de baja presión con una tendencia al atrapamiento de aire según la corriente de metal se separa de la pared del molde.

Es como si se colocara un cojín en forma de base del bebedero que amortigua la velocidad del fundido y la elimina ($v_1=0$); entonces H se convierte en flujo horizontal con velocidad v_2

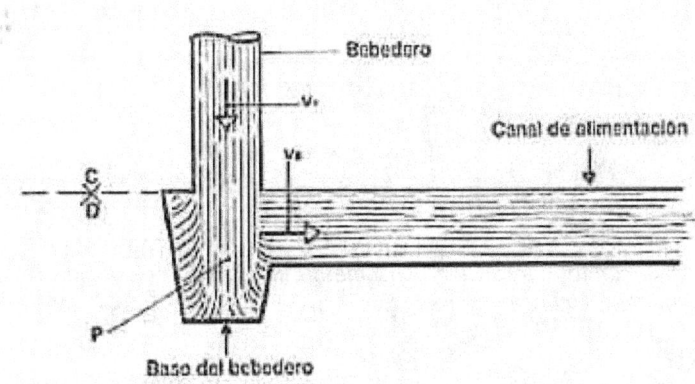

Fig 7, pag. 20. Fundición con grafito esferoidal III Alimentación y Mazarotaje Stephen I Karsay. QiT.,1981

DISEÑO DEL CHOKE

Situación del *choke:*

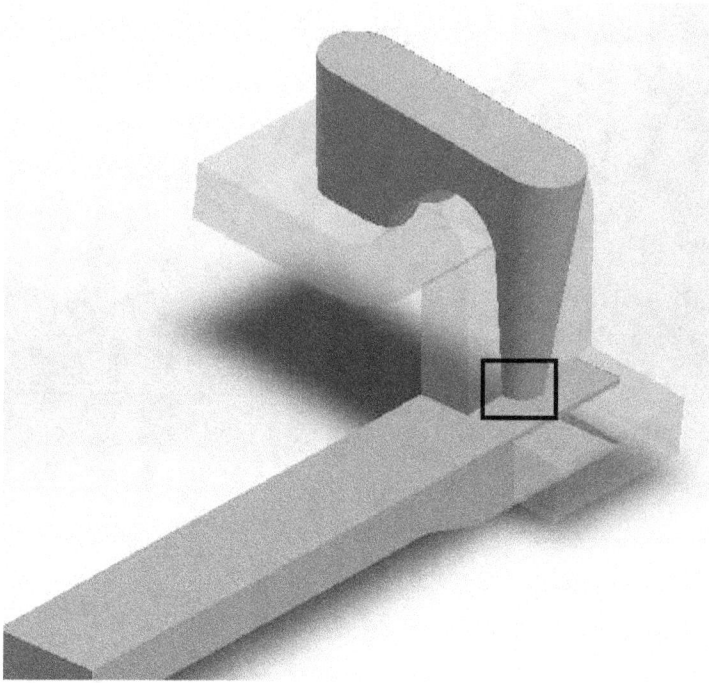

Cuando la altura del metal fundido se mantiene constante, la apertura en el fondo de un sprue en forma cónica determina la tasa de flujo. Esta apertura se refiere como un *choke,* y tiene la sección transversal más pequeña de todo el sistema de alimentación.

Straightsprue [89]

"C" me determina el flujo del sistema:

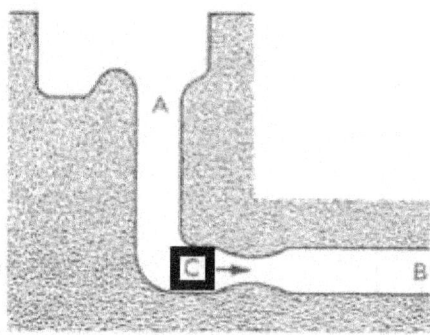

American foundry society /cast metals institute basic principles of gating p.23
Courtesy American Foundry Society, 1967, 2008, Schaumburg, Illinois USA (www.afsinc.org)

El segundo sistema es más fácil de matener relleno durante el vertido

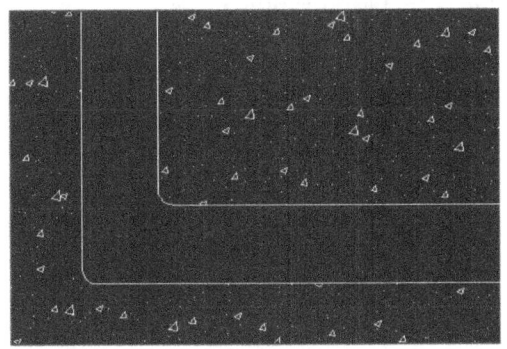

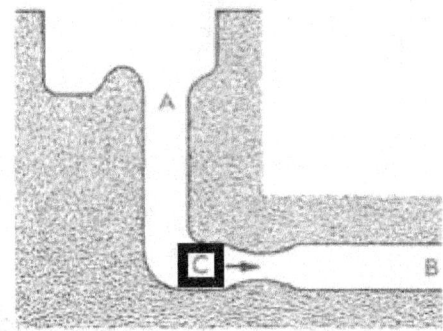

American foundry society /cast metals institute basic principles of gating p.23
Courtesy American Foundry Society, 1967, 2008, Schaumburg, Illinois USA
(www.afsinc.org)

Un descenso en el tamaño de un conducto significa un incremento en la velocidad del flujo. Entonces, justo cuando el fluido pasa a través del *choke*, su velocidad se incrementará.

Según abandona el sprue, el metal fundido viaja a su máxima velocidad y desarrolla su máxima energía cinética. Recordamos que un objeto en movimiento tiende a permanecer en movimiento a la misma dirección y a la misma velocidad.

La energía cinética en el flujo tiende a mantener la misma dirección y la misma velocidad. En la base del sprue su dirección es abruptamente cambiada. Esto causa turbulencias.

Debemos absorver la energía cinética del metal fundido reduciendo su velocidad y turbulencia en la base del sprue, antes de que llegue a los runner. En el dibujo, debemos absorver la energía cinética en (b)

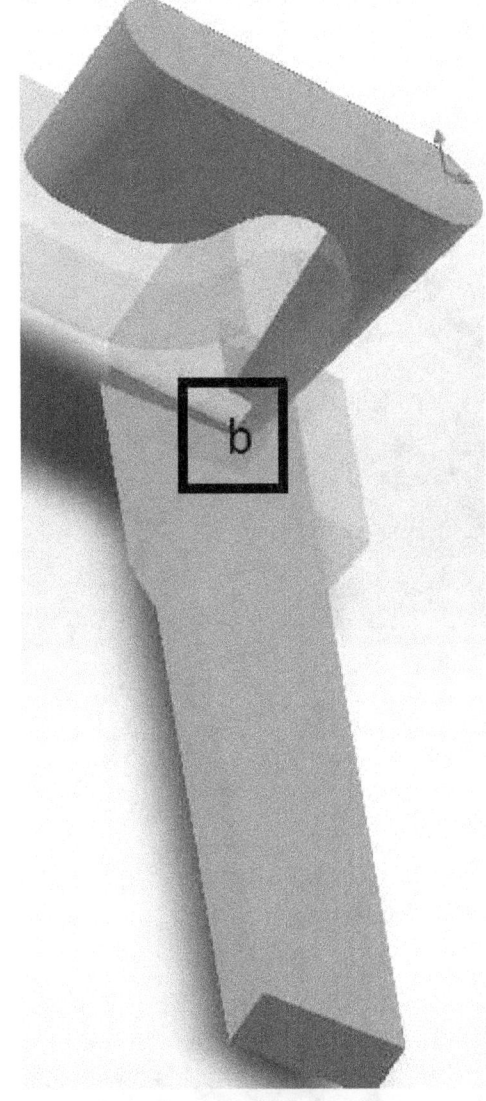

Parte de la energía cinética es absorvida por fricción con las paredes del conducto, por ello, en el dibujo donde menor energía cinética tengo es en el final del recorrido según la dirección de flujo.

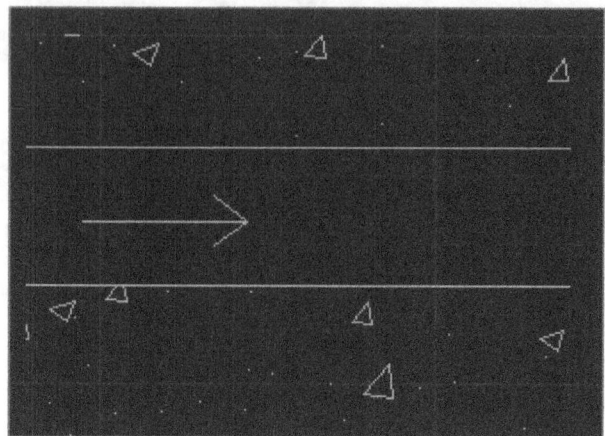

Además de esta fricción "externa" con las paredes del conducto hay otra fricción "interna" entre las capas del fluido, pero mucho menos acusada, por ello la fricción en las paredes es mucho mayor que en el centro.

Cuanto más superficie haya en contacto entre el líquido y su conducto, más fricción habrá y más pérdidas de energía cinética. Así que si incrementamos el tamaño (superficie y sección) del sprue base, la velocidad del metal fundido (y su energía cinética) será disminuída. En el ejemplo, las pérdidas será mayores en el segundo dibujo.

De igual modo, si un fluido tiene más espacio para cambiar de dirección, el cambio será menos abrupto, y disminuiremos la turbulencia en el cambio. (disminuyendo también el atrapamiento de aire)

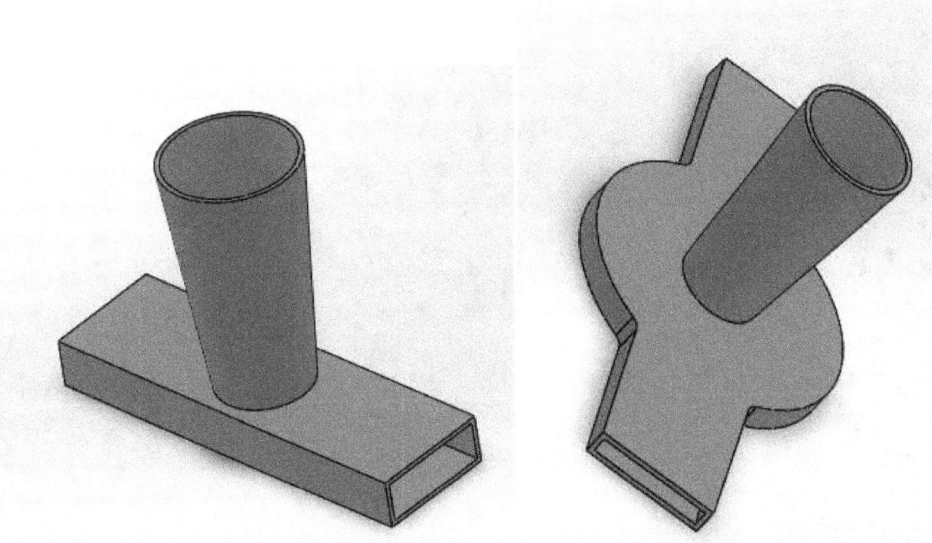

El segundo dibujo os creará un flujo más remanso por lo anterior.

Hay dos tipos de sprue que nos disminuyen la turbulencia. El siguiente

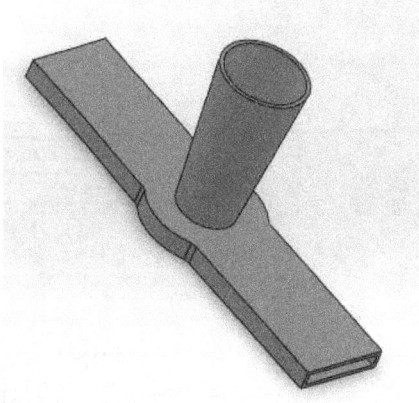

se utiliza con runners estrechos y profundos, así que estaría bien utilizado de la siguiente forma

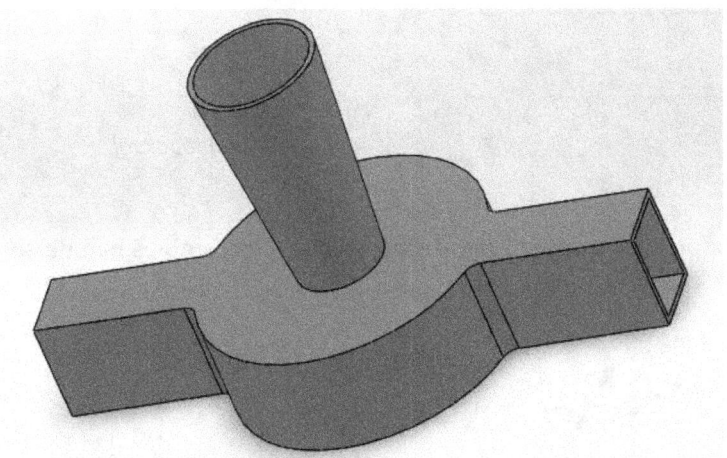

El otro tipo de sprue se denomina **well base,** y se coloca bajo la base del runner. Estaría identificado en el dibujo como A.

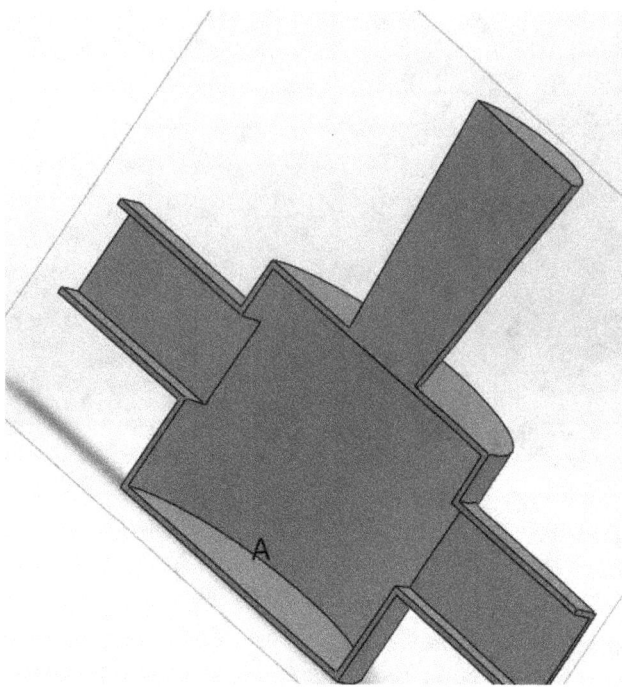

Los cambios abruptos en la sección transversal del canal de colada deberían ser evitados.

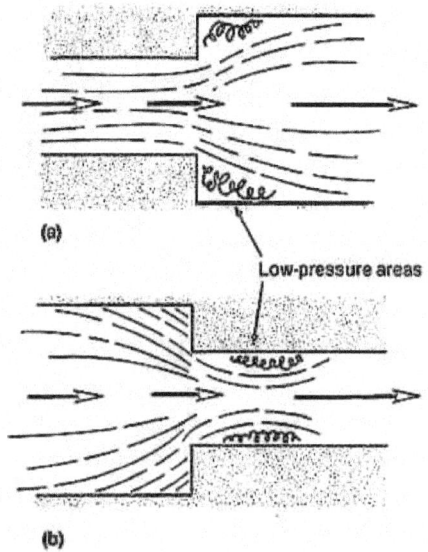

AsmMetalshandbookvol 15.Casting p. 1287 fig.6

Estos cambios repentinos nos producen zonas de baja presión, con atrapamientos de aire. Los cambios han de ser más graduales.

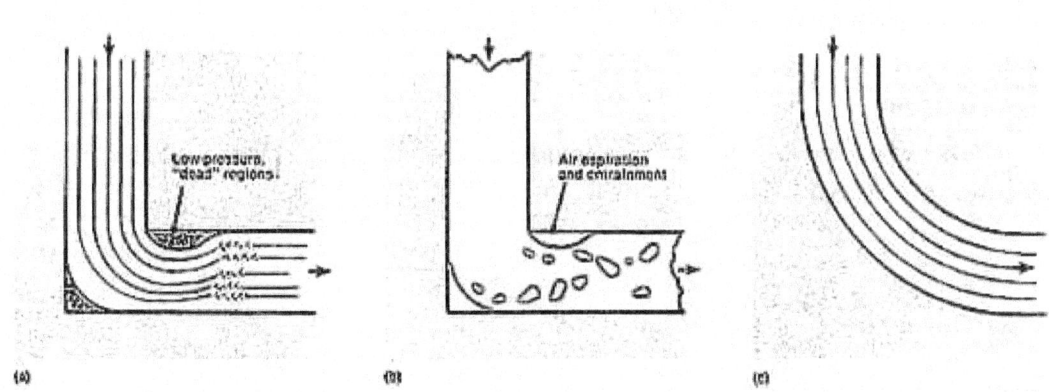

AsmMetalshandbookvol 15. Casting p.1287 fig.7

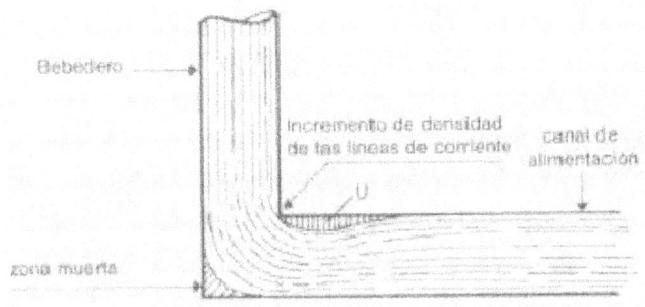

Figura 6 – Distribución de las líneas de corriente debido al cambio en la dirección de flujo.

Fundición con grafito esferoidal III Alimentación y Mazarotaje Stephen I Karsay. QiT.,1981

Fig 6, pag. 19.

Puesto que la presión tanto en el bebedero como en el canal de alimentación es la atmosférica, la presión en el volumen (U) es algo menor. Esta diferencia de presión arrastrará aire dentro del sistema. El aire más adelante aumentará la turbulencia causando escoria que posiblemente se mezclará con el hierro líquido en lugar de adherirse a la parte superior del canal.

Según se incrementa la velocidad, disminuye la sección transversal, como se aprecia en el dibujo (c)

American foundry society /cast metals institute basic principles of gating p.8
Courtesy American Foundry Society, 1967, 2008, Schaumburg, Illinois USA (www.afsinc.org)

Un flujo de líquido se contraerá según hace un cambio brusco de dirección, de forma que tenderá a separarse en la esquina interior y creará una zona de baja presión.

Cuando el metal fundido gira en una esquina aguda, se produce erosión de arena en el punto de más ata presión. Este punto está identificado como A

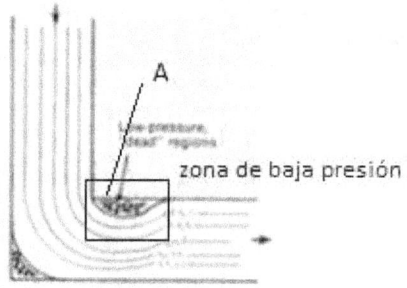

AsmMetalshandbookvol 15. Casting p.1287

Según pasa el flujo sobre una zona de baja presión, se crea una zona de aspiración. Por ello, el papel tenderá a moverse en la dirección B.

American foundry society /cast metals institute basic principles of gating p.9
Courtesy American Foundry Society, 1967, 2008, Schaumburg, Illinois USA (www.afsinc.org)

La arena de moldeo es permeable, permite el pasaje de gases a través de ella. Por ello, los gases serán aspirados a través de la zona de baja presión anteriormente indicada.

El área alrededor del final del *nozzle* se convierte en una zona de baja presión. Si una pieza pequeña de papel fuera sostenida en X sería conducida hacia la corriente.

American foundry society /cast metals institute basic principles of gating p.11
Courtesy American Foundry Society, 1967, 2008, Schaumburg, Illinois USA (www.afsinc.org)

Este principio aplicado en el sistema de entrada de fundición, en una transición entre un canal grande y uno pequeño: se contraería el flujo para acomodarse al canal más pequeño. Según fluye alrededor de la esquina entre los dos canales, tiende a alejarse de la pared del canal pequeño y formar una zona de baja presión.

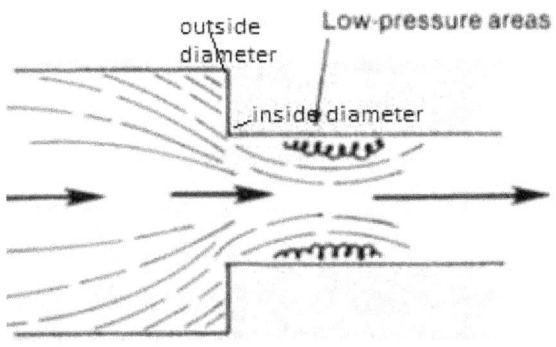

AsmMetalshandbookvol 15.Casting p. 1287 fig.6

Si miramos la transición contraria, desde un pequeño canal a un canal grande, y recordamos que un fluido en movimiento tiende a continuar en línea recta hasta que una fuerza le obliga a ello vemos que ello hace que el líquido se separe de la esquina interna como ocurre en el dibujo

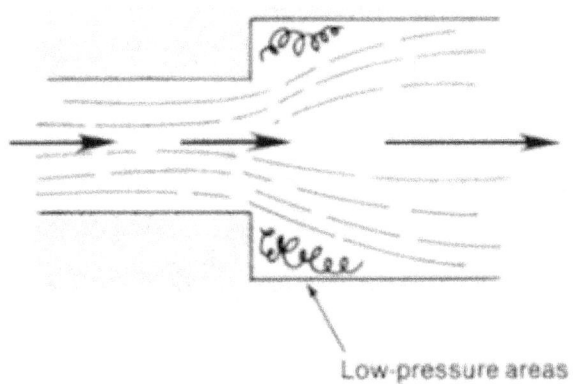

AsmMetalshandbookvol 15.Casting p. 1287 fig.6

Así que si un fluido tiende a separarse de una esquina interior, podríamos decir que un incremento brusco (repentino) del tamaño de un canal causa una zona de baja presión. Los gases en la arena permeable próxima se moverán según la flechas hacia dentro del conducto.

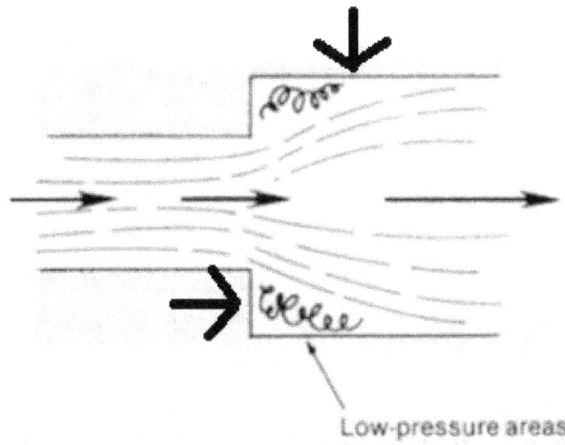

AsmMetalshandbookvol 15.Casting p. 1287 fig.6

Los cambios abruptos en la dirección del flujo, incrementan las pérdidas por fricción. Como se observa en la gráfica, un sistema con altas pérdidas de fricción requerirá mayor presión de cabeza para mantener una determinada velocidad de flujo.

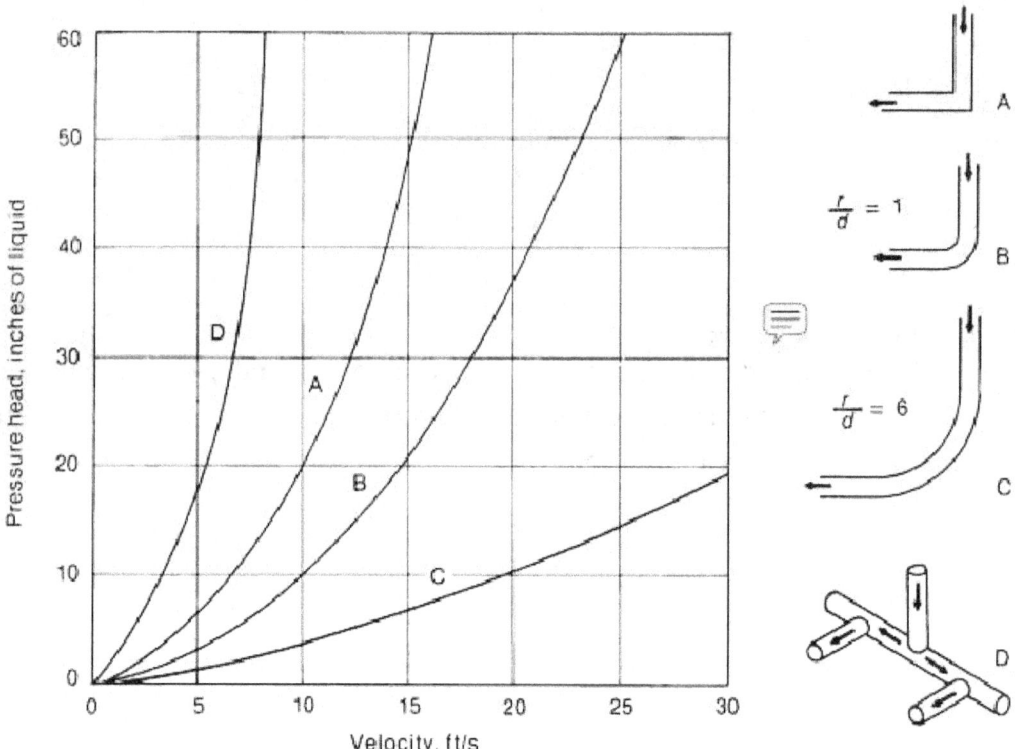

Fig. 8 Effect of pressure head and change in gate design on the velocity of metal flow. A, 90° bend; B, r/d = 1; C, r/d = 6; D, multiple 90° bends. The variables r and d are the radius of curvature and the diameter of the runner, respectively. Source: Ref 2.

AsmMetalshandbookvol 15. Casting p.1288 fig.8

RUNNERS

Un incremento de la sección transversal, supondrá un decremento de su velocidad, por ello el tronco moverá más despacio en B (ver ecuación de continuidad)

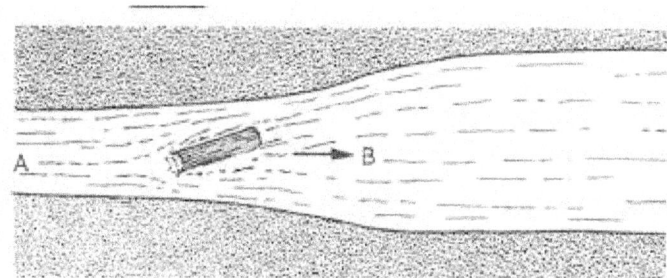

American foundry society /cast metals institute basic principles of gating p.31
Courtesy American Foundry Society, 1967, 2008, Schaumburg, Illinois USA (www.afsinc.org)

Aplicación : La velocidad del metal fundido se verá reducida al entrar en los runners por el incremento de la sección transversal

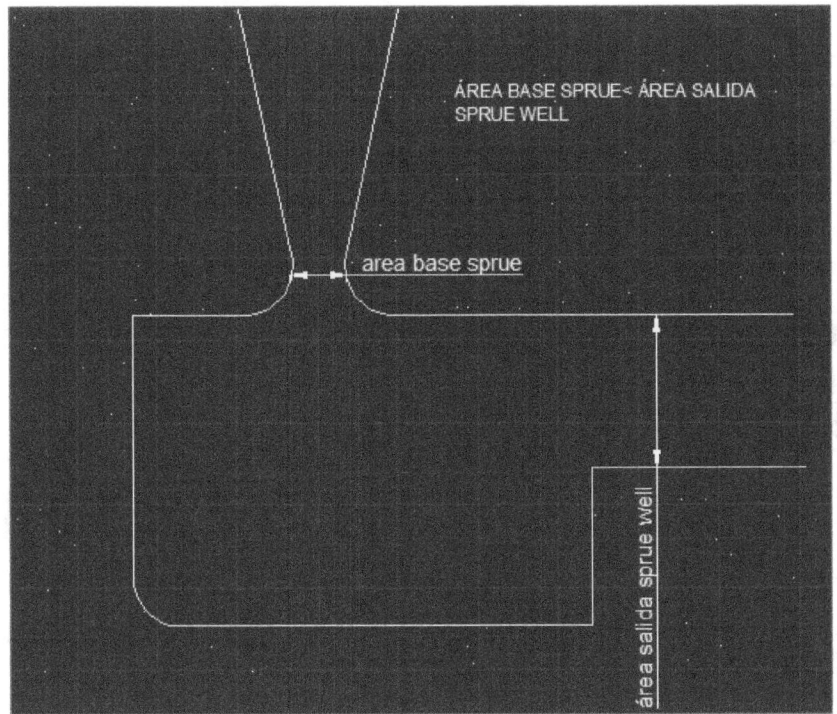

Si el área fuera la misma no se producirá esta reducción de velocidad.
Nota: el flujo lo determina la base del sprue (como se verá más adelante)

Otro factor que también produce turbulencia es la rugosidad de las paredes del conducto, de modo que deberían ser lo más lisas posible, a diferencia de la figura

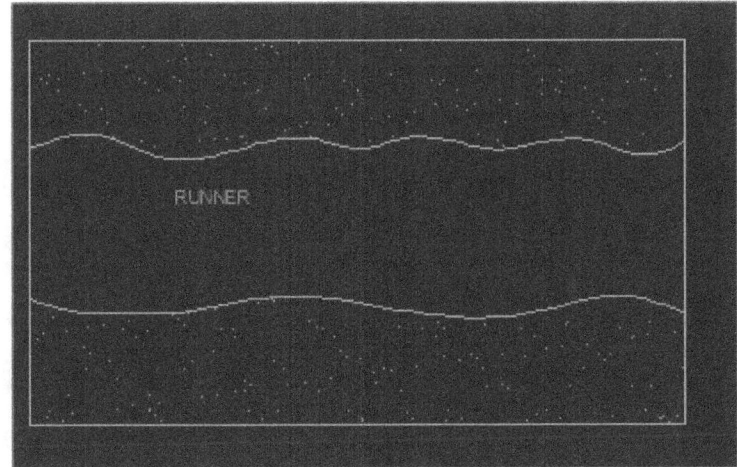

Los runners deberían ser diseñados para evitar cualquier cambio abrupto de dirección en el fluido del metal fundido. El primer sistema causará la menor turbulencia y menor atrapamiento de gases.

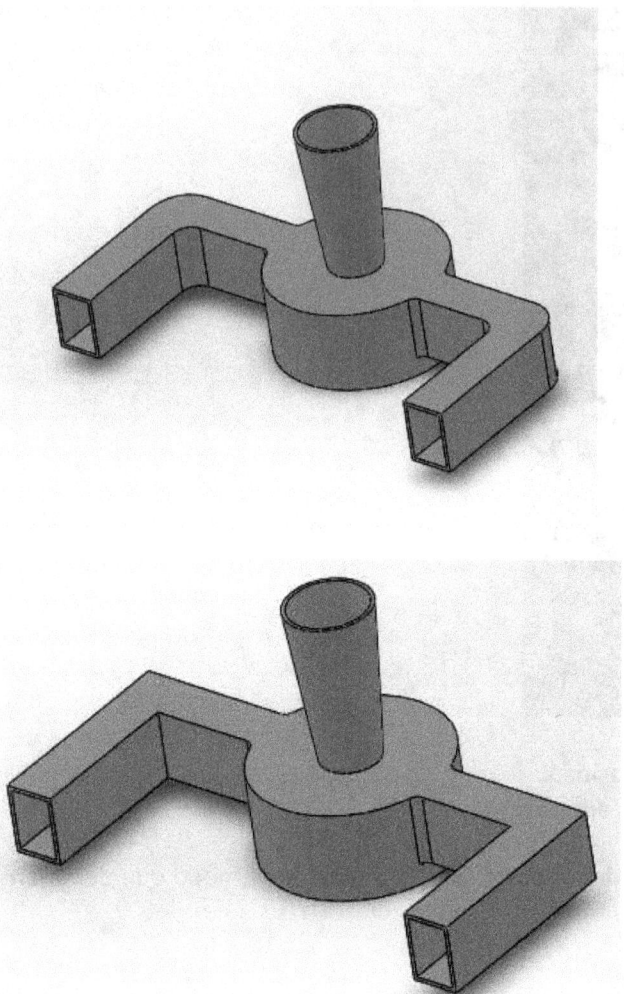

Los runners deberían ser rellenados antes de que las entradas lo sean (de esta forma el flujo será menos turbulento y habrá menor atrapamiento de aire-ver siguiente párrafo-), de forma que es mejor situar los conductos en el *drag* y las entradas en el *cope* (parte superior del molde por encima del parting line) [como en el segundo caso]

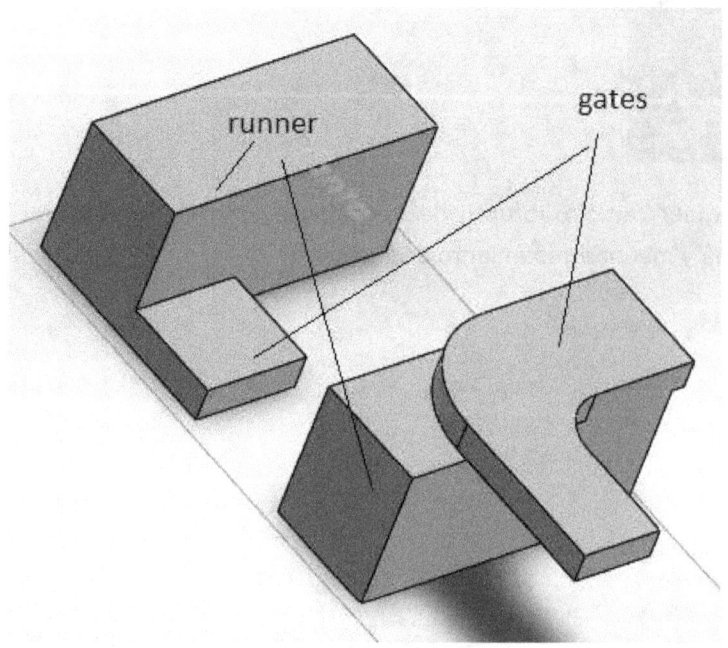

Un conducto no relleno completamente está sujeto tanto a las turbulencias como al atrapamiento de aire.

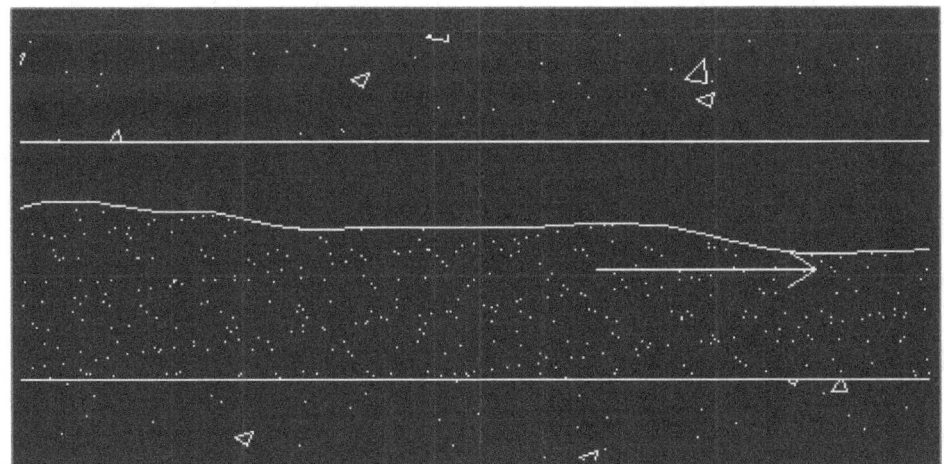

Veamos otro principio: cuando en un bote de agua en el cual se añade aceite y arena se agita violentamente y se deja asentar, después de un periodo de tiempo se encuentran 3 capas separadas: el aceite, más ligero que el agua, ocupa la capa de arriba y la arena, más pesada, ocupa la última capa.

Si el metal fundido contiene escoria, y la velocidad del fluido disminuye, permite asentarse las capas y el *dross, slag y la arena* - que son más ligeras que el metal fundido- se encontrarán en la capa superior del fluido (más alta).

Un *choke* situado en el *runner* debería estar situado al menos 6 pulgadas por detrás de la primera entrada. Esto permite el tiempo suficiente para que la velocidad y turbulencia del fluido sean reducidas antes de alcanzar la entrada.

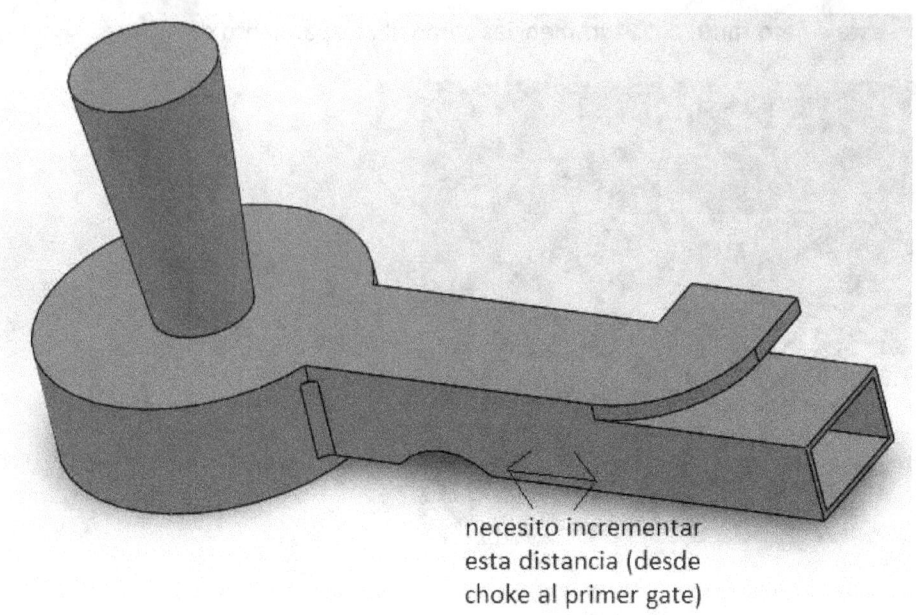

necesito incrementar esta distancia (desde choke al primer gate)

La primera corriente (la que más dañada está, por la cantidad de escoria y la erosión y turbulencia que arrastra), tratará de seguir su camino recto y se quedará en el *runner extensión*

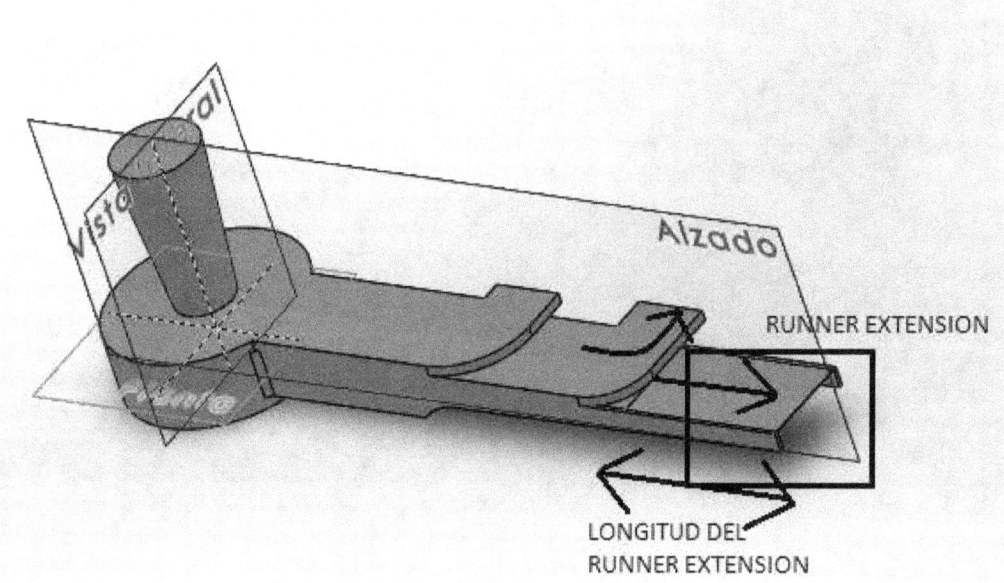

El *runner extensión* ha de ser los suficientemente largo para evitar un retroceso de corriente y por tanto que vuelva a entrar la escoria, e impurezas que acumula (ver en el dibujo "longitud del runner extensión")

Los conductos se rellenan de forma no equitativa, ya que el flujo de corriente tiende a seguir el camino más fácil, el que le ofrece menor resistencia, por ello la mayor cantidad de flujo entra por (a).

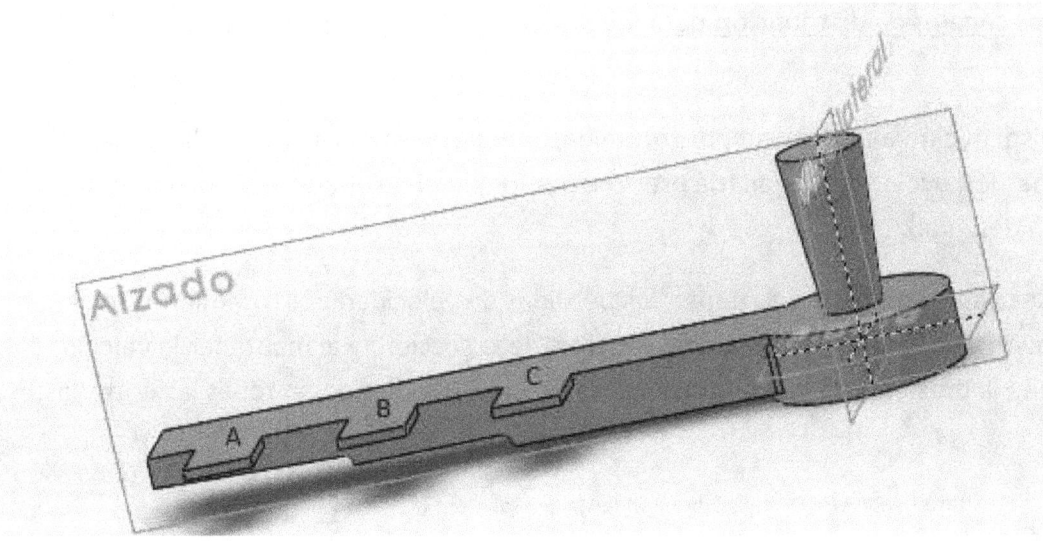

Cuando el metal alcanza el final del runner y lo rellena completamente, se forma una presión de retroceso que va empujando al metal hacia el *sprue* y va rellenando "hacia atrás" las entradas, de forma que el orden en que entra el metal fundido es C,B,A.

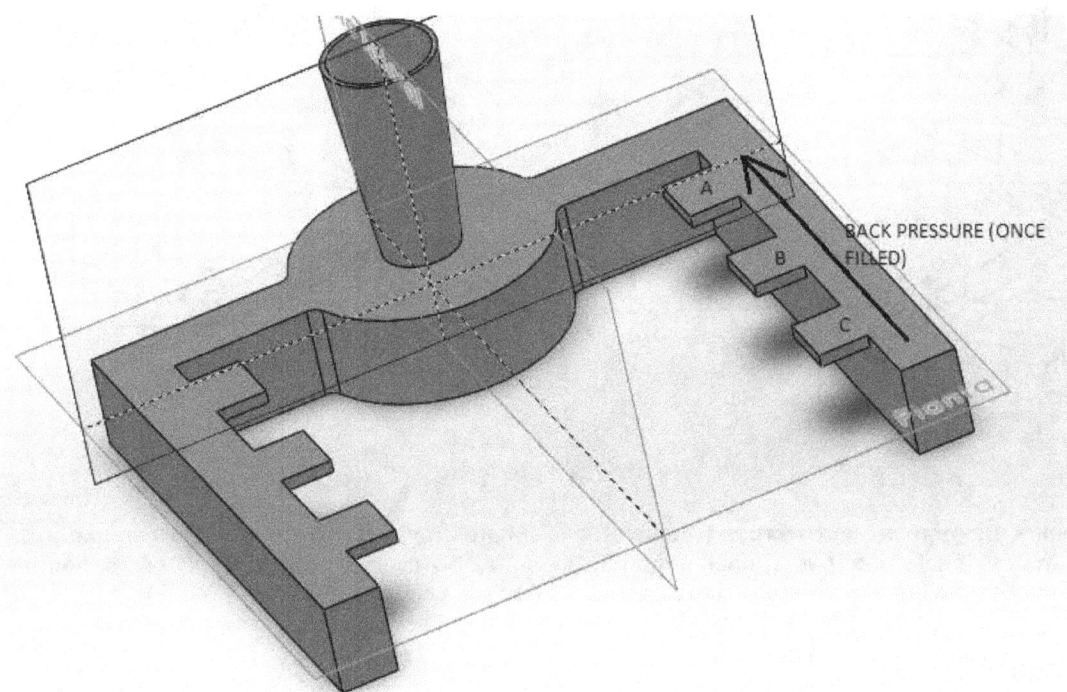

Las entradas más alejadas del *sprue* son las que alimentan más al casting que las más cercanas.

Reducción del área en los canales de distribución para igualar el flujo a través de múltiples entradas (ingates)

Teniendo en cuenta la disminución de velocidad por rozamiento, según el metal avanza, si la sección se mantuviese constante, perdería velocidad y ganaría presión, por lo que el resultado sería mayor entrada de flujo al principio (flujo desigual).

Si voy disminuyendo la sección transversal del runner, las pérdidas de velocidad por rozamiento se verían compensadas por el aumento de velocidad (por la disminución de la sección) y al mantener la velocidad constante, así se mantiene la presión, con lo cual conseguiría un flujo equilibrado en todas las entradas.

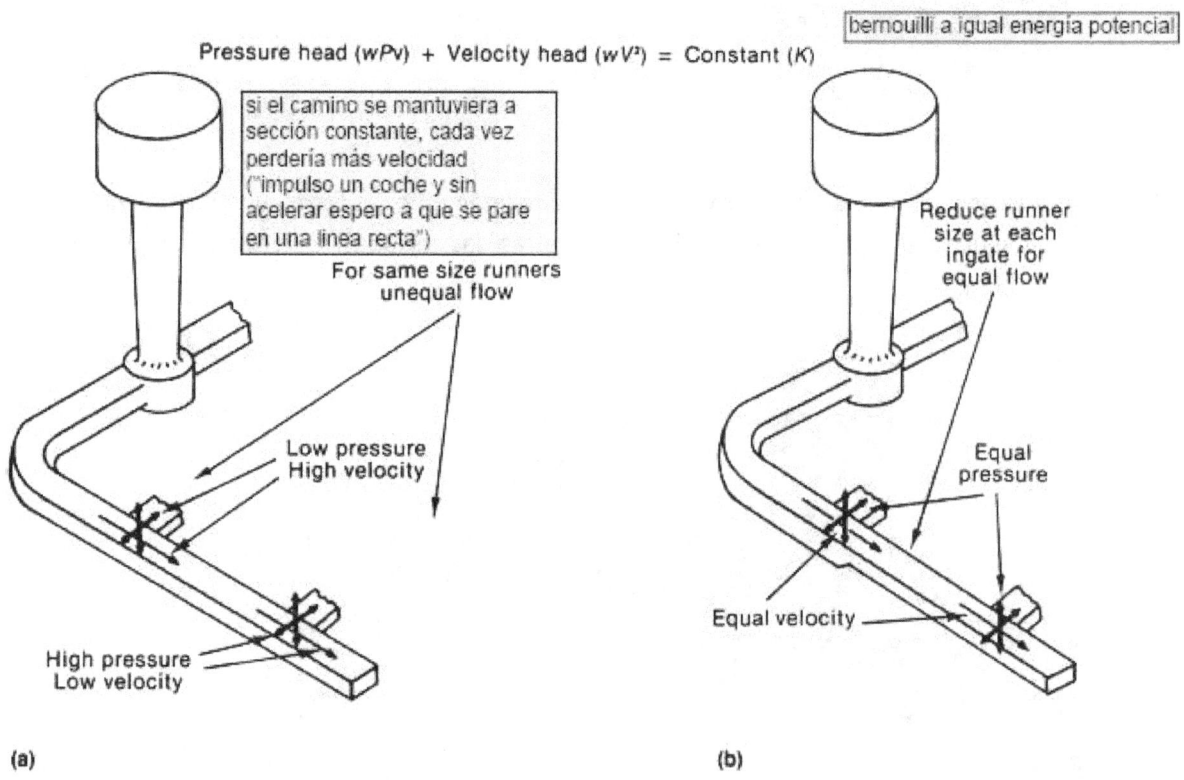

Fig. 9 Applying Bernoulli's theorem to flow from a runner at two ingates for a filled system and comparing velocity and pressure at the ingates for two runner configurations. (a) Same runner cross section at both ingates. (b) Stepped runner providing two different runner cross sections at each ingate. Source: Ref 1.

AsmMetalshandbookvol 15.Casting p.1289 fig.9

El objetivo es que el casting debe de solidificar hacia el riser para que no se produzcan rechupes, y las entradas deben estar localizadas de forma que el molde se rellene desde abajo hasta arriba de forma que los óxidos formados (escoria) sean arrastrados hacia la superficie del casting o sobre mazarotas donde no afecten las propiedades de la pieza.

Por ello debemos tratar de poner las secciones menos intrincadas en el molde superior, pues son las que acumulan más defectos.

Relación de la distribución para colada (*gating ratio*)

Esto se refiere a describir la relación de áreas desde la base del sprue(bebedero) hacia las entradas (ingates) de los canales de distribución. Es el ratio entre la superficie transversal (sección) del sprue sobre el área TOTAL de los runners y sobre el área TOTAL de las entradas. Por ejemplo, si tenemos un sprue de sección 1sq cm ($1cm^2$), un runner de 3 sq cm y 3 entradas, cada una de 1 sq cm, tendremos un gating ratio de 1:3:3

Según sea dicha relación podemos tener:

- Relación de distribución convergente o a presión.
- Relación de distribución divergente o sin presión.

Sistemas presurizados: las proporciones del gating ratio están de forma que se mantiene una presión de retroceso en el sistema de alimentación mediante una restricción del flujo en las entradas. Esto implica que el área total de las entradas no sea mayor que la sección transversal del sprue. Ejemplos serían 1:0,75:0,5 ; 1:2:1 y 2:1:1 . Un sistema presurizado se mantiene siempre lleno de metal, de forma que el peligro de tener a parte del flujo separado de las paredes y por tanto con la subsecuente aspiración es prácticamente nulo. Sin embargo, se alcanzan altas velocidades y pueden causar turbulencias en los cambios de dirección (uniones) y esquinas de la cavidad del molde. (también erosión). Este sistema está indicado para los metales ferrosos y el latón.

Sistemas despresurizados: producen menores velocidades de metal y permiten flujos mayores. Reducen la turbulencia pero precisan de un diseño cuidadose para asegurar el llenado completo, y ocupan mucho volumen necesitando diseños grandes de runners y gates, los cuales me incrementan el gasto de metal. También es difícil de obtener un flujo equilibrado (ver página anterior). Este sistema está indicado para metales como el alumnio y el magnesio. (aleaciones altamente sensibles a la formación de escoria). Los ratios usados son 1:2:2, 1:3:3, etc.

Spurt:2. A sudden short burst, as of energy, activity, or growth. (*burst:* to explode)

Brass: latón

yield

a. To give up, as in defeat; surrender or submit.
b. To give way to pressure or force: The door yielded to a gentle push.

En definitiva, los sistemas *presurizados* mantienen una relación de áreas decreciente, de forma que el sistema es "empujado" bajo presión de alimentación (por la restricción de flujo a las entradas) lo cual asegura que el sistema esté siempre lleno (evitando la aspiración de gases) , aunque las altas velocidades de entrada pueden ocasionar turbulencias con sus consecuencias correspondientes (mayor deterioro, atrapamiento de gases y escorias). Se recomienda este sistema para el acero, por ejemplo, puesto que en forma líquida pierde su calor muy rápido, con lo que nos interesa que llegue a las ingates lo más rápido posible. Sin embargo, los sistemas *despresurizados* o *sin presión*, tienen una relación de áreas creciente, de forma que la velocidad de entrada es menor, reduciéndose las turbulencias (se recomienda este sistema para aleaciones muy sensibles a formar óxidos-escorias- bajo turbulencias, como las de aluminio y magnesio). Este último sistema es más difícil de diseñar, para conseguir el llenado completo del durante el vaciado.

Moldyield: resistencia del molde (a desmoronarse, conexión)

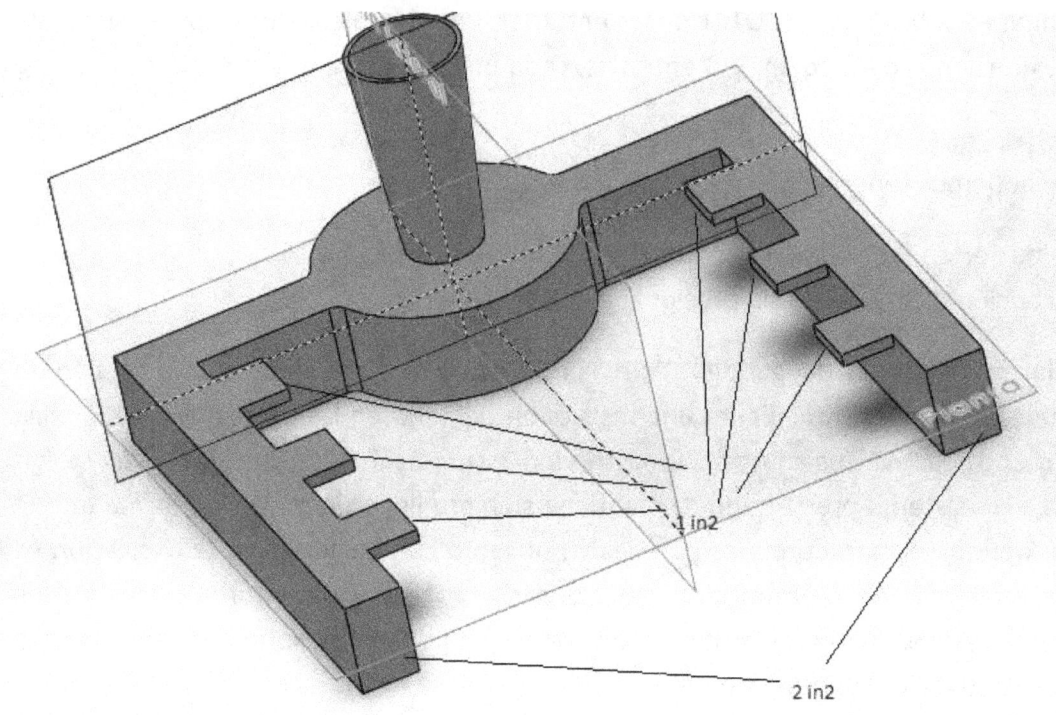

Un sistema con una distribución no uniforme de metal existirá cuando el área total de las entradas supere al área transversal del runner sobre el que se encuentran, como en el caso del dibujo de arriba (área total de las entradas =6in2; área total transversal de los runners=4 in2)

Esto tiene otro inconveniente y es que una vez llenada la cavidad del molde, el metal tiende a salir de nuevo por el runner, creándonos una "presión negativa". En el caso del dibujo, una vez relleno el molde, tenderá a salir metal por C y D.

Sin embargo, lo que quereos es que tengamos presión y velocidades uniformes en todas las partes del runner y de las entradas.

(*recordatorio*)

En un sprue "recto" (cilíndrico), una parte del runner próxima a la base del sprue se estrecha y se denomina *choke*, de igual forma que en un sprue cónico (tapered) la parte que tiene la sección transversal más pequeña me controla el flujo y se denomina igual, *choke*.

De forma que para determinar el *gating ratio,* usaremos como punto inicial el *choke,* ya sea éste en el fondo del sprue (tapered) o junto a la base del sprue (straight), ya que esta parte determina el flujo del sistema.

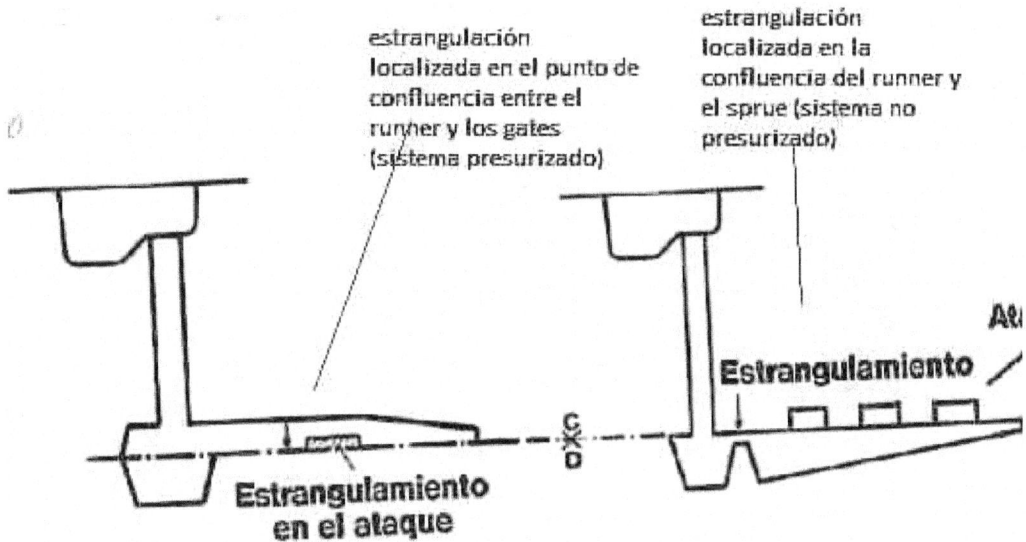

Fundición con grafito esferoidal III Alimentación y Mazarotaje Stephen I Karsay. QiT.,1981

Fig. 21 pág.38 y fig. 30 pág.45

Como recomendación se podría usar un sistema no presurizado cuando haya un gran número de piezas pequeñas por mole y no sea práctico estrangular las piezas individualmente –ya que las dimensiones de estrangulación serían muy pequeñas-.

Hay métodos para calcular el área de la sección más estrecha del bebedero, pero no vamos a entrar en ellos.

Otras recomendaciones de diseño sobre el canal de alimentación:

- Evitar usar canales en curva.
- Evitar usar canales escalonados.

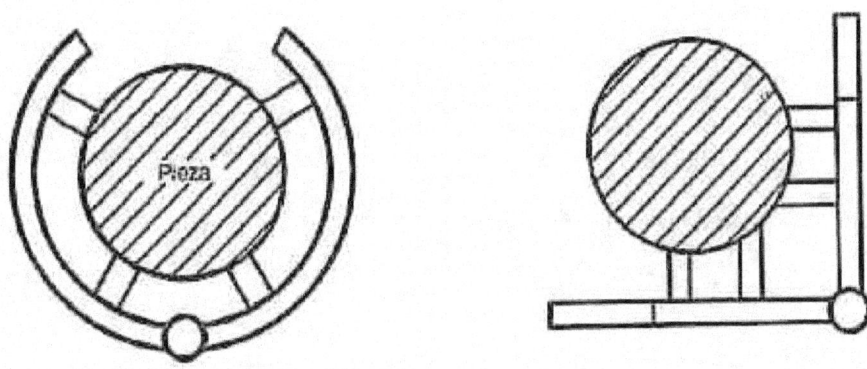

Fundición con grafito esferoidal III Alimentación y Mazarotaje Stephen I Karsay. QiT.,1981

Fig. 23 pág. 40

Si la velocidad es muy alta, en vez de flotar, se mezclará. (la escoria)

Usar canales rectos, si hay codos o vueltas, la ramificación de los ataques debe hacerse tan lejos como se posible del punto en que cambia la dirección del líquido

Claro, en ese punto habrá turbulencias

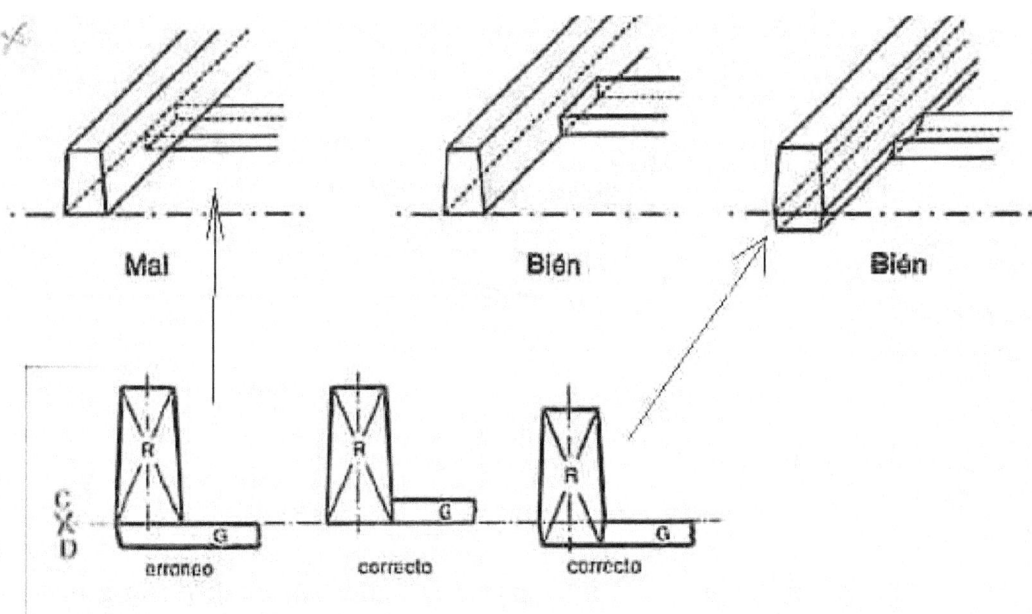

Fundición con grafito esferoidal III Alimentación y Mazarotaje Stephen I Karsay. QiT.,1981

Fig. 24 pág. 41

Asegurarse que el fondo del canal de alimentación y el de los ataques están en el mismo plano, como se muestra en la figura anterior. El escalón de la figura hace aumentar la turbulencia y la escoria puede entrar en los ataques.

Sistema no presurizado: situar el canal de alimentación en la caja inferior y los ataques en la superior.

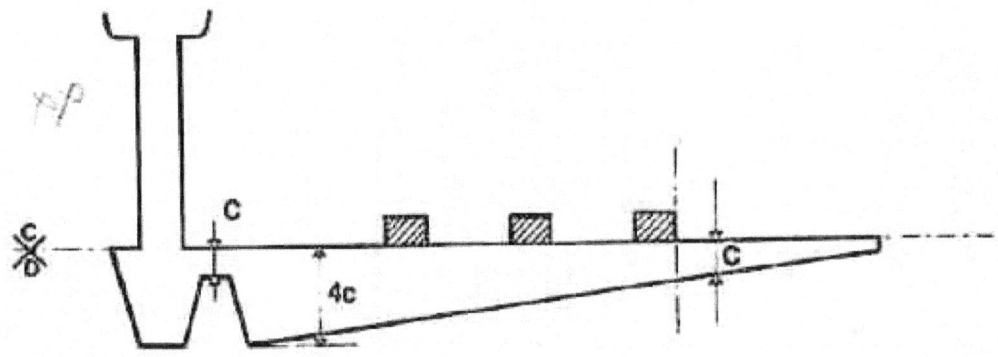

Fundición con grafito esferoidal III Alimentación y Mazarotaje Stephen I Karsay. QiT.,1981

Fig. 30 pág.45

Los ataques deberán solaparse ligeramente con el canal de alimentación

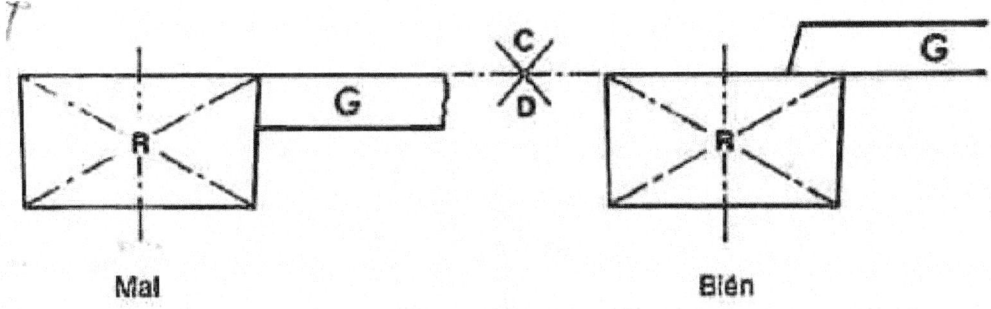

Fundición con grafito esferoidal III Alimentación y Mazarotaje Stephen I Karsay. QiT.,1981

Fig. 31 pág. 47

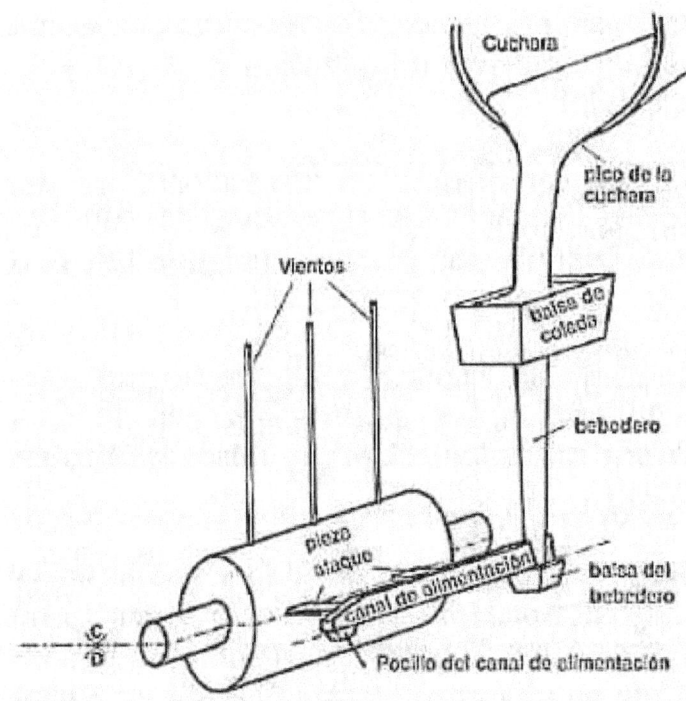

Fundición con grafito esferoidal III Alimentación y Mazarotaje Stephen I Karsay. QiT.,1981

Fig. 22 pág.39

El error más común es eliminar los ataques y conducir el hierro directamente desde el canal de alimentación a la pieza o marazota, incluso aunque se reduzca el área de la sección de paso.

Cuando al final del canal el líquido se encuentra abruptamente con la pared, el líquido intenta disipar la energía cinética volviendo hacia atrás y entrando junto con la escoria en los ataques.

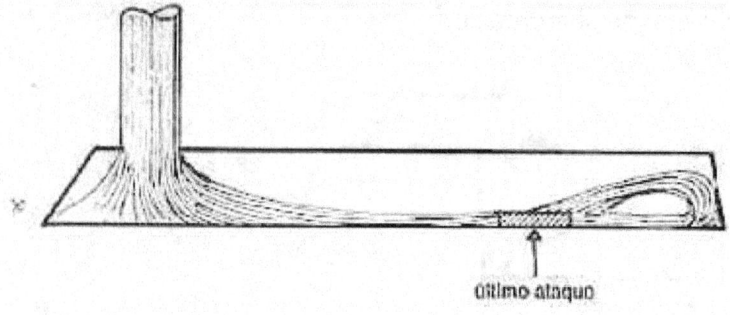

Fundición con grafito esferoidal III Alimentación y Mazarotaje Stephen I Karsay. QiT.,1981

Fig. 25 pág.41

Las formas de evitarlo, además de la vista de alargar el canal, una vez pasado el último ataque son también ir reduciendo la sección del canal ligeramente en su última parte, en forma de cuña la cual impide la vuelta atrás del líquido y proporciona las menores condiciones de turbulencia en el canal.

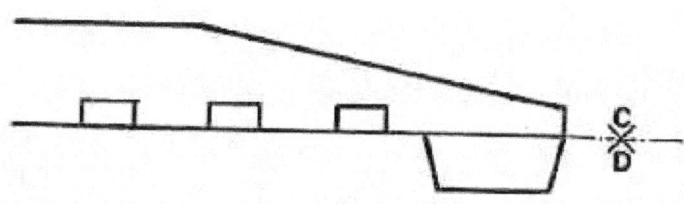

Fundición con grafito esferoidal III Alimentación y Mazarotaje Stephen I Karsay. QiT.,1981

Fig. 27 pág.42

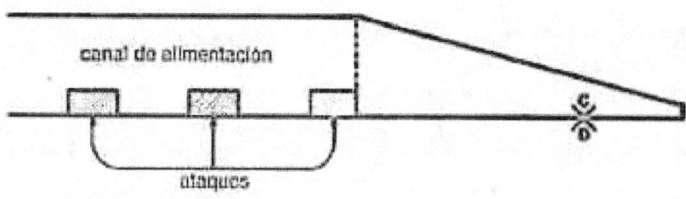

Fundición con grafito esferoidal III Alimentación y Mazarotaje Stephen I Karsay. QiT.,1981

Fig. 26 pág.41

También se podría colocar un pozo al final del canal, cuando no hay espacio para alargar el canal de alimentación.

Diseño de mazarotas (Risers)

Con *risers*, nos referimos a contenedores "reserva" de metal fundido para el casting de forma que no se formen cavidades no deseables debidas al encogimiento o que sean trasladadas a localizaciones donde no mermen el diseño o la intencionalidad de éste.

Para entenderlo mejor, veamos los tres estados en donde se produce contracción volumétrica en el casting:

- Encogimiento líquido: el metal líquido pierde volumen según va perdiendo calor del sobrecalentamiento de fusión hasta la temperatura donde comience a solidificar.
- Encogimiento durante la solidificación: el metal enfría, desde un líquido a sólido. Para los metales puros, esta contracción ocurrirá a una determinada temperatura, pero para aleaciones tomará lugar sobre un intervalo de temperaturas. (ver tema correspondiente)
- Encogimiento sólido: el metal encoje según enfría desde la temperatura de solidificación hasta temperatura ambiente.

La primera etapa de solidificación (liquid shrinkage) no es muy importante para el diseñador, la segunda etapa es la que entra el riser para compensar el encogimientoEl último de éstos, el encogimiento sólido(también llamado encogimiento del moldeador), se suplenta haciendo el patrón (y por tanto la cavidad del molde) más grande que las dimensiones finales del casting. En el siguiente dibujo podemos observar cómo solidificaría una pieza.

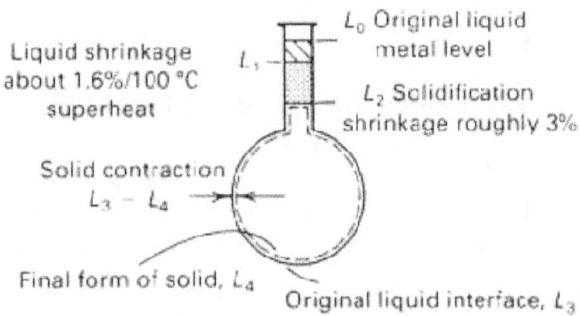

Fig. 1 Schematic of the shrinkage of low-carbon steel. The contribution of each one of the three distinct stages of volume contraction is shown: liquid shrinkage, solidification shrinkage, and solid contraction. Source: Ref 1

AsmMetalshandbookvol 15. Casting p.1246 fig.1

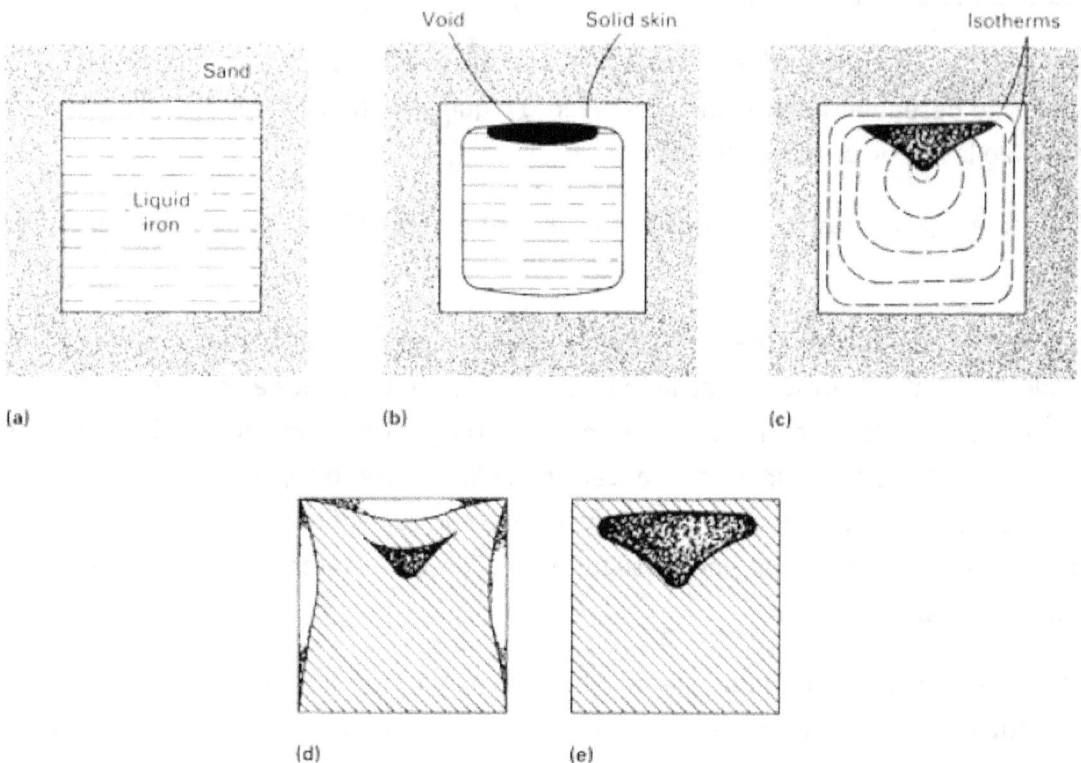

Fig. 2 Schematic of sequence of solidification shrinkage in an iron cube. (a) Initial liquid metal. (b) Solid skin and formation of shrinkage void. (c) Internal shrinkage. (d) Internal shrinkage plus dishing. (e) Surface puncture

AsmMetalshandbookvol 15. Casting p.1247 fig.2

Signos de defectos inducidos por el encogimiento incluyen vacíos internos, deformaciones superficiales o dishing, y *surfacepuncture*.

Para eliminar dichos defectos indeseables en el casting, un riser se añadirá para acomodar el encogimiento líquido y para suplir metal líquido para compensar la solidificación. De esta forma, el encogimiento en el riser se concentrará en el riser, el cual será retirado una vez acabada la fundición.

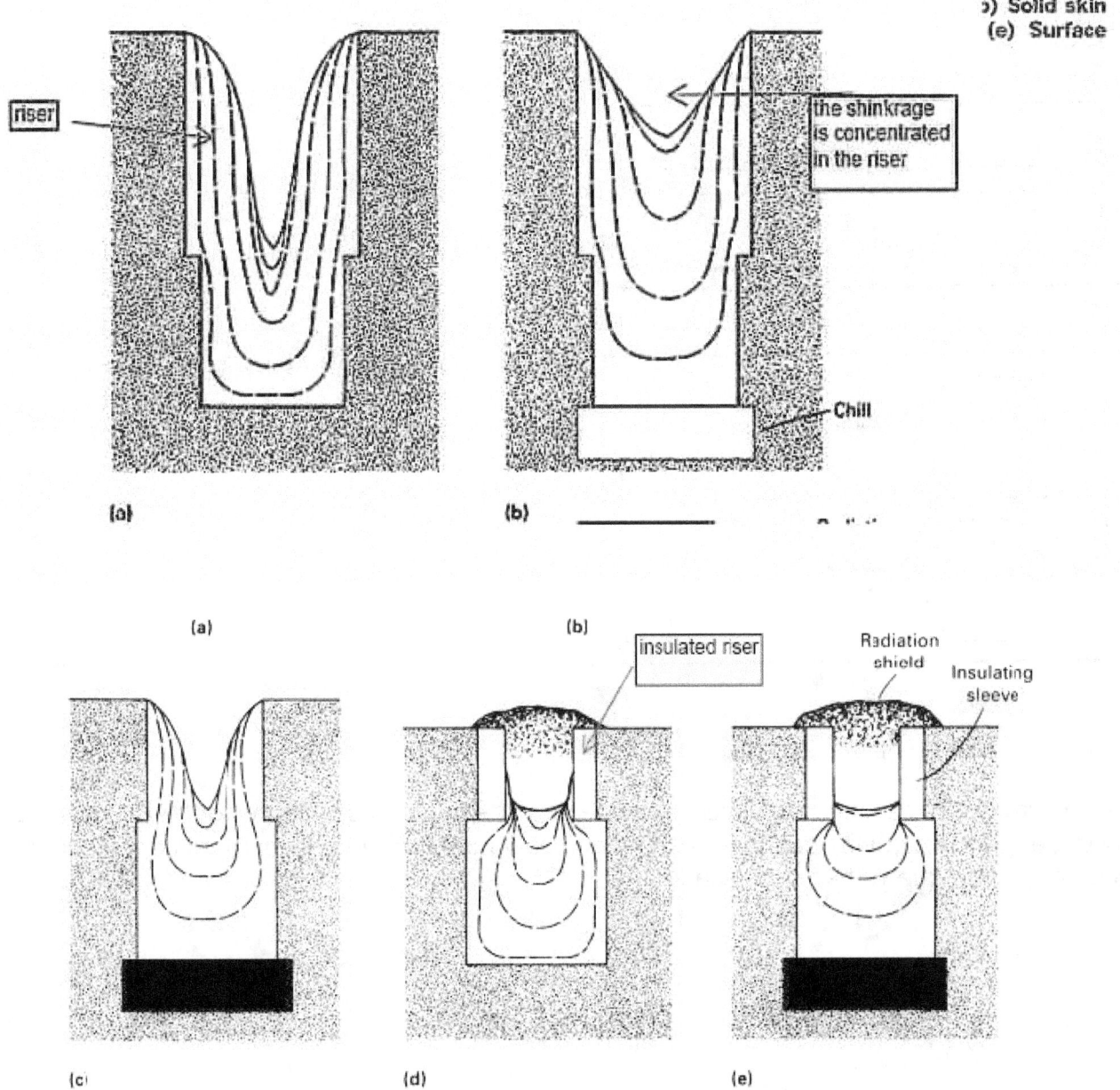

Fig. 3 Methods of controlling shrinkage in an iron cube to reduce riser size. (a) Open-top riser. (b) Open-top riser plus chill. (c) Small open-top riser plus chill. (d) Insulated riser. (e) Insulated riser plus chill

AsmMetalshandbookvol 15. Casting p.1248 fig.3

Las uniones también concentran calor, trayendo como consecuencia áreas en el metal donde el calor es retenido. Estas áreas solidifican más despacio que otras, de forma que dejan una estructura más basta, y propiedades diferentes de otras secciones , y solidificar después de que el resto del casting ha solidificado, así que el encogimiento no puede ser alimentado. Minimizar la concentración de calor en las uniones, lleva por tanto a mejorar las propiedades del casting.

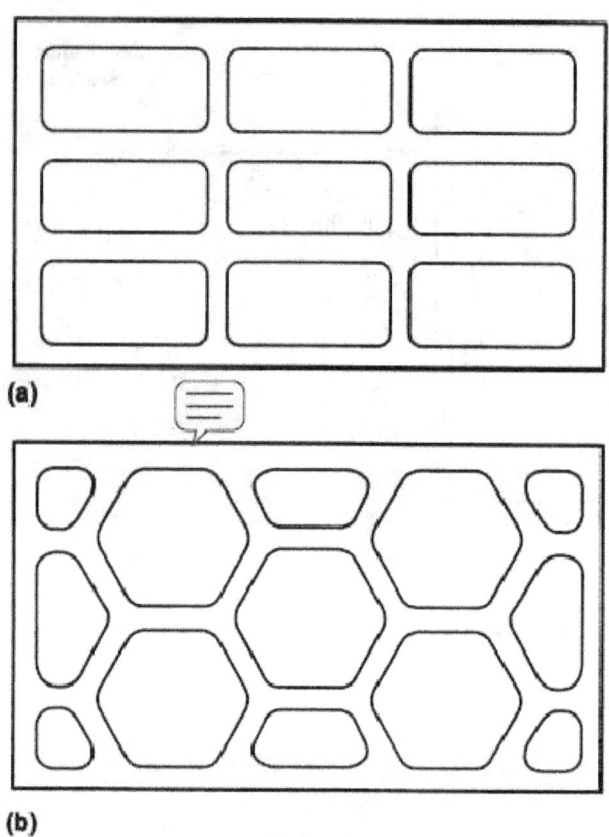

ASM Casting Design and Performance p.13 fig.4

Nota: los cruces de caminos son lugares donde se incrementa la sección y por tanto solidifican más tarde que los caminos que lo forman, con lo cual no llega metal fluido para compensar su sinkrage (puesto que ya han solidificado)

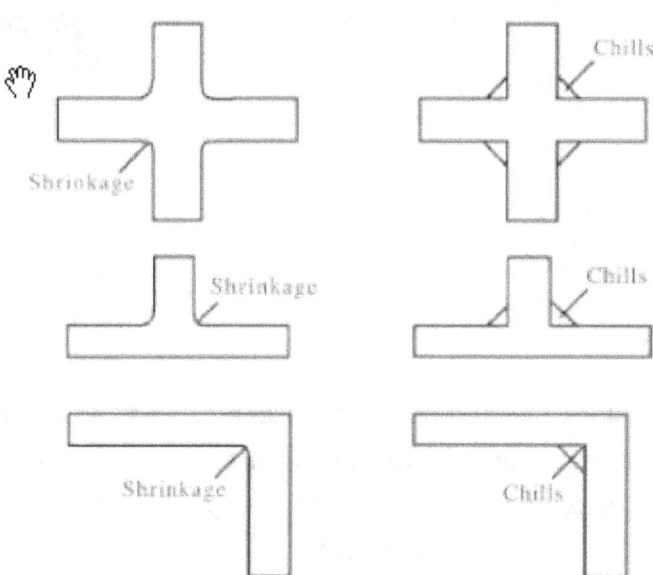

Casting technology and cast alloys. A.K. Chakrabarti. Prentice Hall of India. Pág. 61 fig.4.17

Como vemos, la máxima contracción se produce en los ángulos internos y no en los externos, donde tiene más superficie (por unidad de volumen) y por tanto se enfría antes.

El riser debe ser a menudo más grande que el casting que alimenta, porque debe proveer alimentación de metal tan pronto como el casting esté solidificando. Se pueden emplear varios métodos para reducir el tamaño requerido del riser, incluyendo añadir los "enfriadores" (para reducir el tiempo de solidificación) o aislar el riser (extendiendo su tiempo de solidificación).

Table 1 Solidification contraction for various cast metals

Metal	Percentage of volumetric solidification contraction
Carbon steel	2.5-3
1% carbon steel	4
White iron	4-5.5
Gray iron	Varies from 1.6 contraction to 2.5 expansion
Ductile iron	Varies from 2.7 contraction to 4.5 expansion
Copper	4.9

Cu-30Zn	4.5
Cu-10Al	4
Aluminum	6.6
Al-4.5Cu	6.3
Al-12Si	3.8
Magnesium	4.2
Zinc	6.5

Source: Ref 6

AsmMetalshandbookvol 15. Casting p.1250 table 1

Cuando se ha llenado el molde, la solidificación generalmente tendrá lugar desde las paredes del molde, donde se formará una "piel"-capa- de metal sólido. Según se pierda calor hacia el molde, esta "piel" –capa- progresivamente irá creciendo hacia adentro. La tasa con la que va creciendo esta capa depende de dos condiciones: en las esquinas del molde, hay más relación de superficie/volumen, con lo cual la solidificación irá más rápido. En el riser, donde la masa del riser me prevé más calor, y donde la tasa de transferencia de calor es reducida en el ángulo interno de la unión riser/casting, la tasa de solidificación será reducida. Esta combinación de "efecto esquina", o "efecto final" y "efecto riser" me provee la solidificación direccional. Por tanto, la solidificación progresiva es el crecimiento de solidificación de las paredes hacia el interior y la solidificación direccional es el crecimiento de la solidificación hacia el riser, donde solidifica en último lugar.

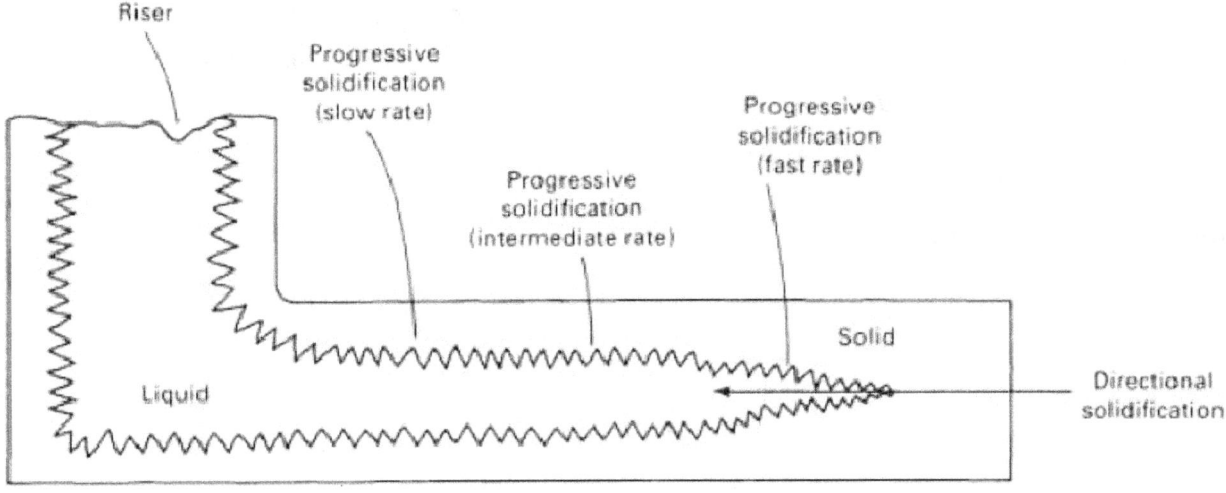

Fig. 14 Features of progressive and directional solidification. Source: Ref 2.

AsmMetalshandbookvol 15. Casting p.1718 fig.14

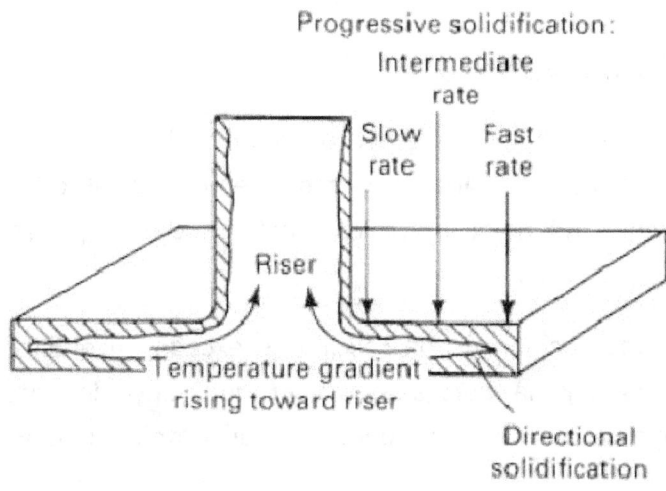

Fig. 4 Directional and progressive solidification in a casting equipped with a riser. Source: Ref 10

AsmMetalshandbookvol 15.Casting p.1252 fig.4

Si puede ser mantenido el patrón de la solidificación en forma de cuña comenzando en la esquina del casting hacia el riser, siempre tendré un canal de alimentación disponible a través del cual va solidificando hacia el riser. Si, de otra forma, la solidificación que avanza de las paredes en la zona intermedia se junta, el movimiento de metal líquido será restringido, y se producirá el encogimiento en dicho lugar intermedio.

Hay que conseguir que la solidificación empiece en la parte más alejada del riser y sea progresiva hacia el riser, y no se produzca solidificación en la zona intermedia antes que en las zonas alejadas pues impedirían el paso de fluido.

- *La contribución del efecto esquina es generalmente mayor que la formada por el riser.*
- *En la ausencia de esquinas de enfriamiento, la distancia de alimentación entre risers es dramáticamente reducida.*

(los siguientes dibujos son para formas de disco)

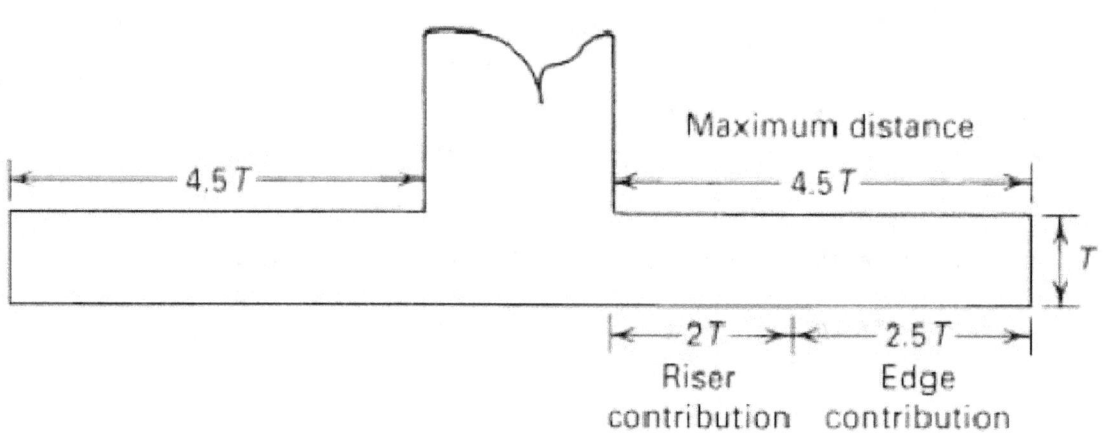

AsmMetalshandbookvol 15.Casting p. 1259 fig.12

Es decir, que si no tengo cooling o chillings (elementos metálicos) tengo que poner muchos más risers (separados a mucha menor distancia). Además, como vemos en el dibujo, la contribución a la solidificación direccional es mayor debido al "efecto esquina" que al riser. (las esquinas contribuyen más a la sol. direc. que el riser.

Si la máxima distancia de alimentación en una sección se excede, el efecto *esquina* dará un casting completo (*sound*) a partir de la esquina, pero se podría producir encogimiento a una distancia variable sobre el área que de una forma natural debería esperarse estar completa (*sound*) debido al efecto riser.

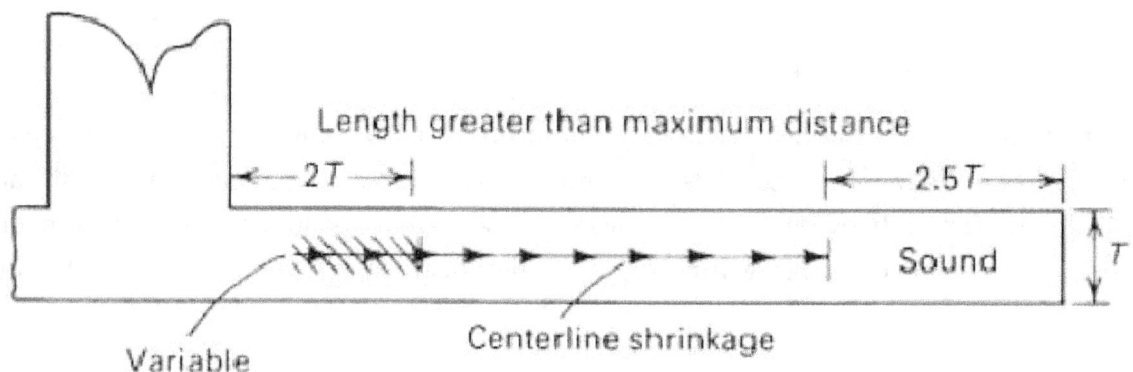

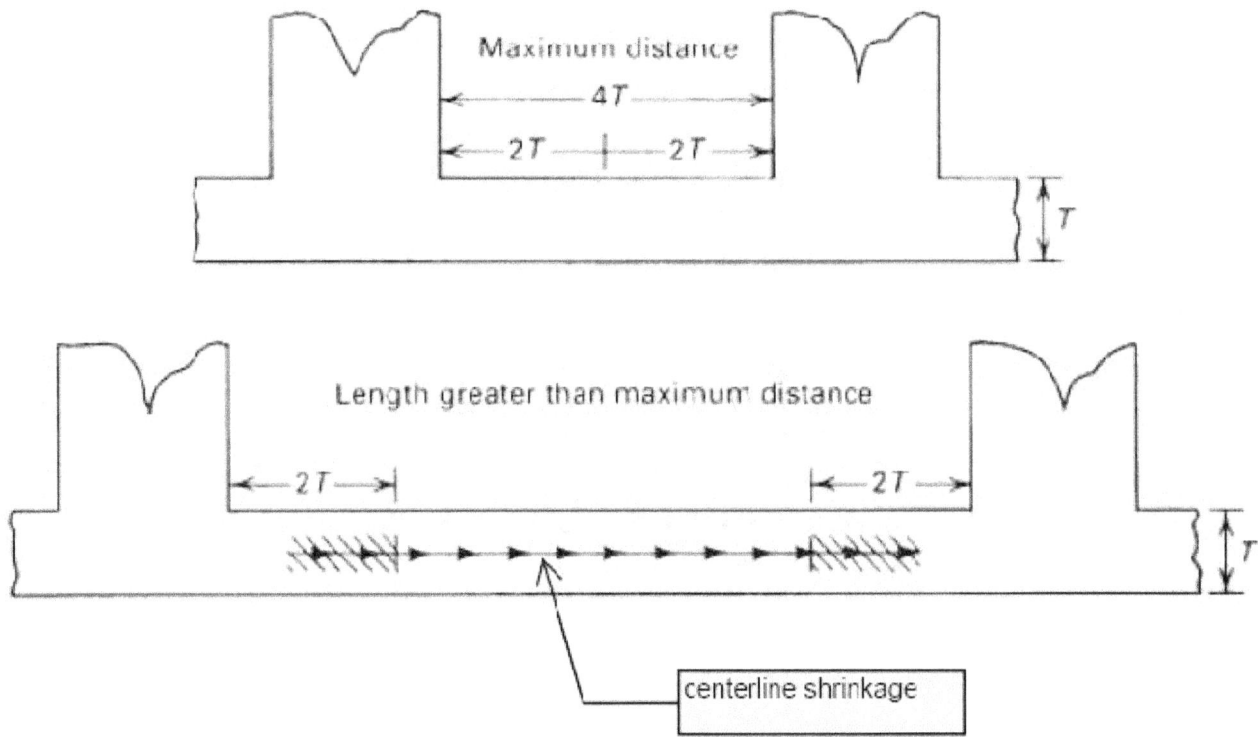

Fig. 12 Feeding distance relationships in steel plates (section width greater than $3T$, where T = thickness). Source: Ref 13

AsmMetalshandbookvol 15. Casting p.1259 fig.12

Como vemos, si se excede la distancia de alimentación (distancia del riser al edge)[para que no se produzca centerlineshrinkage], se puede producir shrinkage a una distancia variable.

Localización del riser:

Para determinar la correcta localización del riser, los métodos de ingeniería deben de usar el concepto de la <u>solidificación direccional.</u> Si quiero evitar las cavidades por encogimiento en el casting, la solidificación debería de proceder direccionalmente desde aquellas partes del casting lo más lejos del riser, hacia las porciones intermedias del casting y finalmente al riser mismo, donde debería ocurrir la última solidificación.

*(los siguientes dibujos son para formas **en sección de barra**; observemos que las distancias de separación son menores que las vistas en forma de disco)*

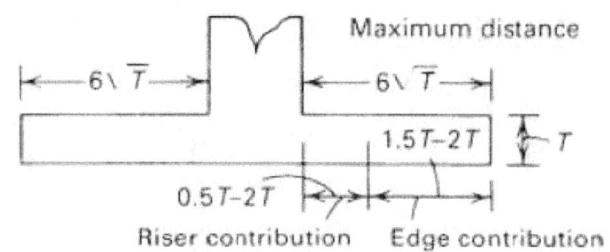
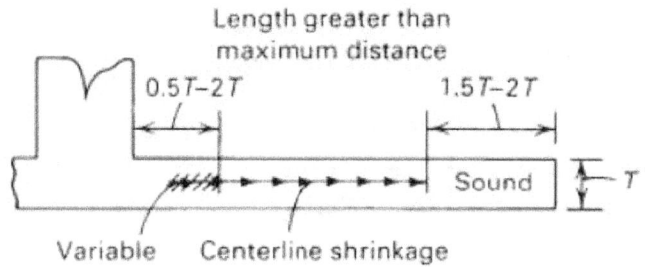
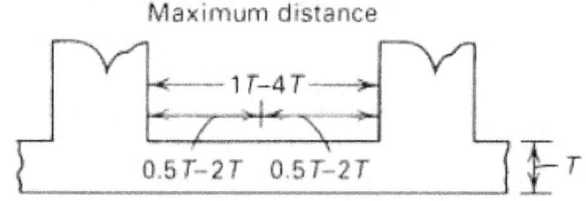
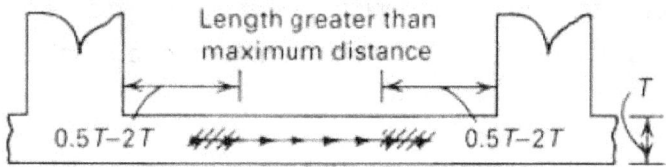

j. 13 Feeding distance relationships in steel bars (section width equal to thickness, *T*). Source: Ref 13

AsmMetalshandbookvol 15.Casting p.1260 fig.13

(ahora vamos a ver lo mismo pero potenciando a solidificación direccional usando chillers; lógicamente, ahora las distancias entre risers pueden ser ampliadas)

La siguiente figura muestra el uso de *enfriadores* para extender la distancia de alimentación. Cuando son aplicadas en la esquina de un casting, el enfriador disipa el calor rápidamente, promoviendo la solidificación direccional más allá de la esquina. Esto añade a la longitud de la zona que será sound debido al efecto esquina.

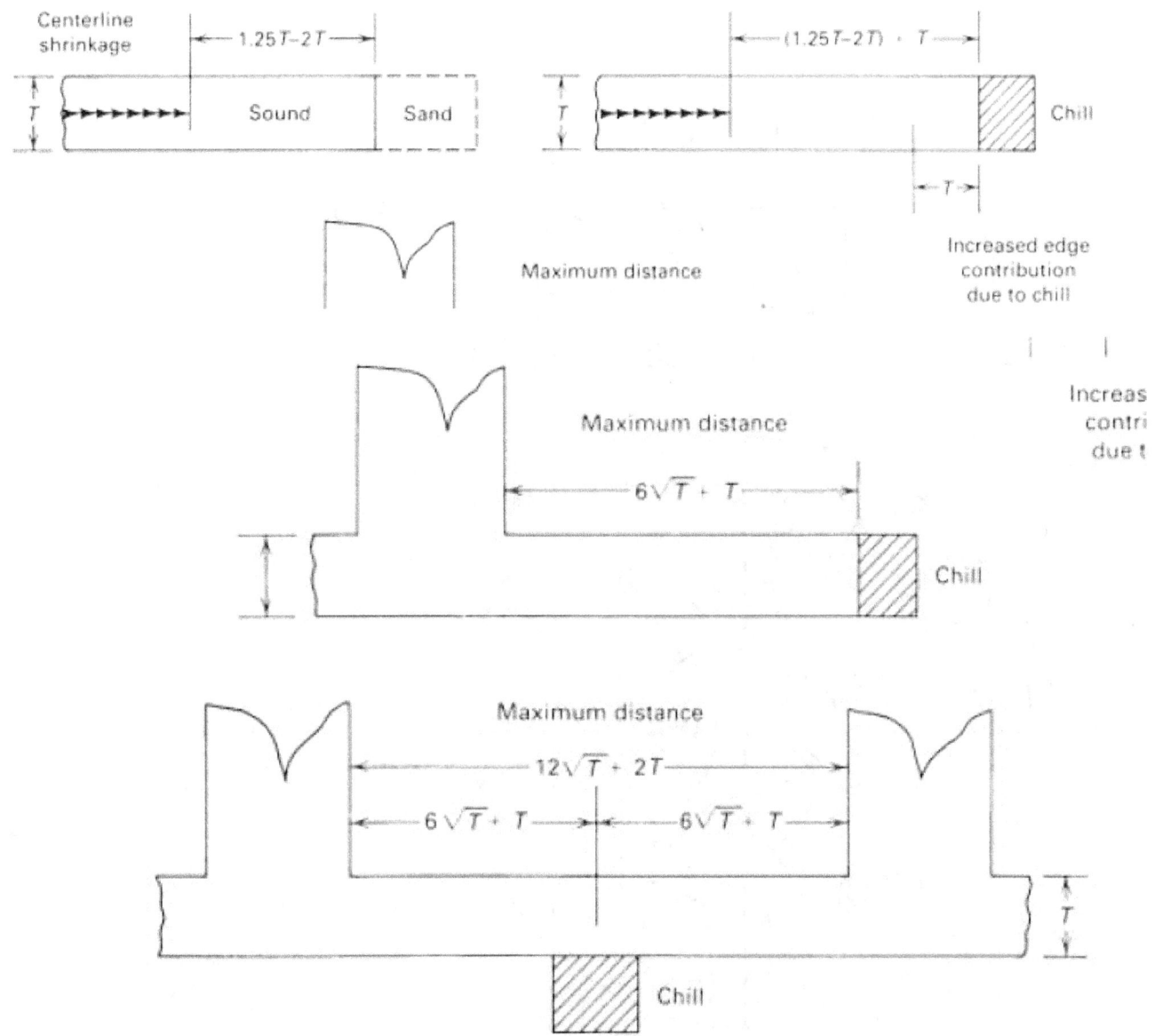

Fig. 14 Effect of chills on feeding distance relationships in steel bars. Source: Ref 13

AsmMetalshandbookvol 15. Casting p.1261 fig.14

Además, si un enfriador se sitúa entre risers en un casting donde no hay un efecto natural de enfriamiento, puede usarse para establecer un efecto esquina artificial. De esta forma, la distancia entre risers puede ser dramáticamente incrementada, de esta forma se reduce el número de risers para asegurar un casting "sound".

Esto lo vemos en el último dibujo de la fig.14 y en la fig. 15

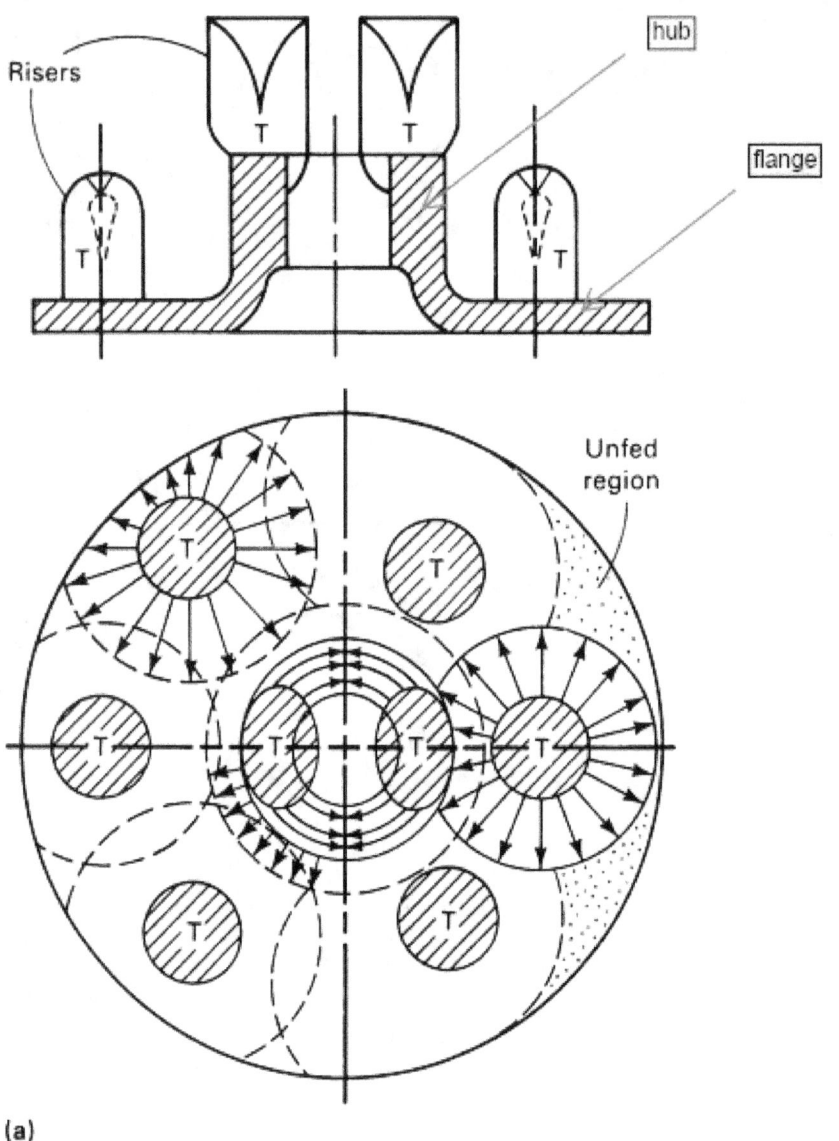

Fig. 15 Use of chills to reduce the number of risers (T) on a steel flange casting. (a) Side and top view of the casting illustrating locations of the eight risers used when the workpiece is divided into feeding areas without considering end effects. (b) Top view of identical casting showing locations of five risers used when the workpiece is divided into feeding areas in which riser effect and end effect considerations are accounted for through the use of chills. Source: Ref 14

AsmMetalshandbookvol 15. Casting p.1261 fig.15

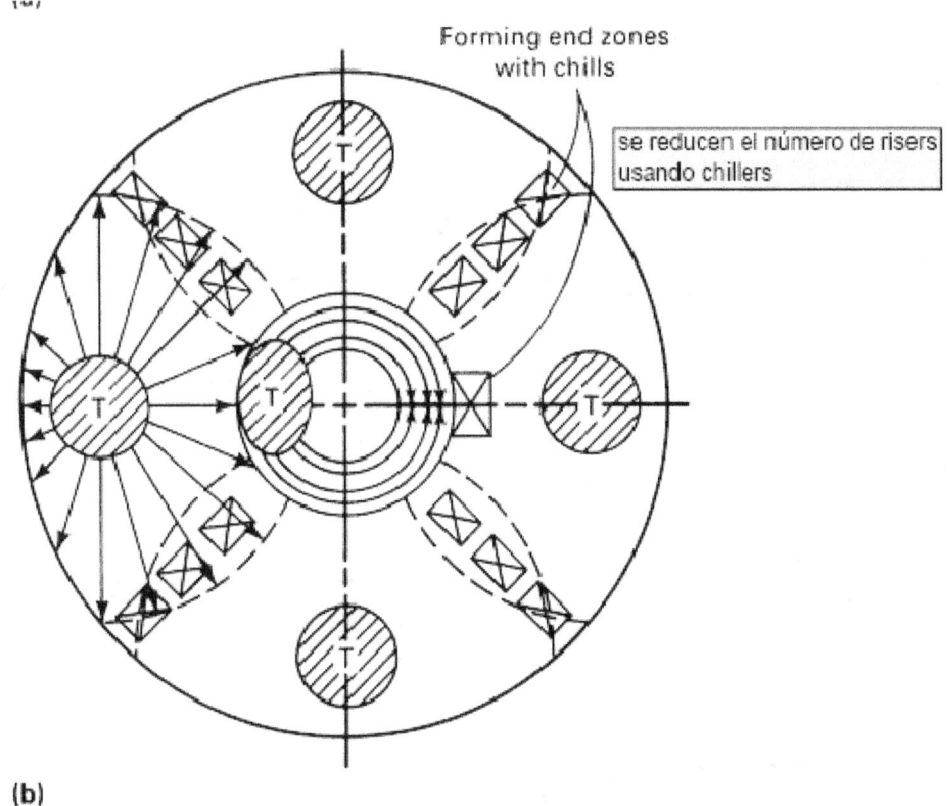

(b)

AsmMetalshandbookvol 15. Casting p.1261 fig.15

(hasta aquí hemos visto figuras con secciones constantes; veamos qué hacer con secciones variables)

Castings con secciones de varias secciones: las secciones más espesas, que solidifican más lentamente están separadas por otras secciones más delgadas, que solidifican más rápidamente. Las secciones más gruesas entonces actúan como riser, proveyendo la alimentación que el metal demanda para las secciones más delgadas.

Otro método mostrado en la figura 16, usa un casting con dos secciones más gruesas unidas por una conexión más delgada. En la figura 16a, sin risers, el encogimiento se desarrolla en las dos secciones más gruesas. Cuando un riser se aplica en un lado, (fig. 16 b), el encogimiento permanece sin ser alimentado en la otra sección gruesa, o *hot spot*, porque la conexión entre las secciones se enfría en primer lugar.

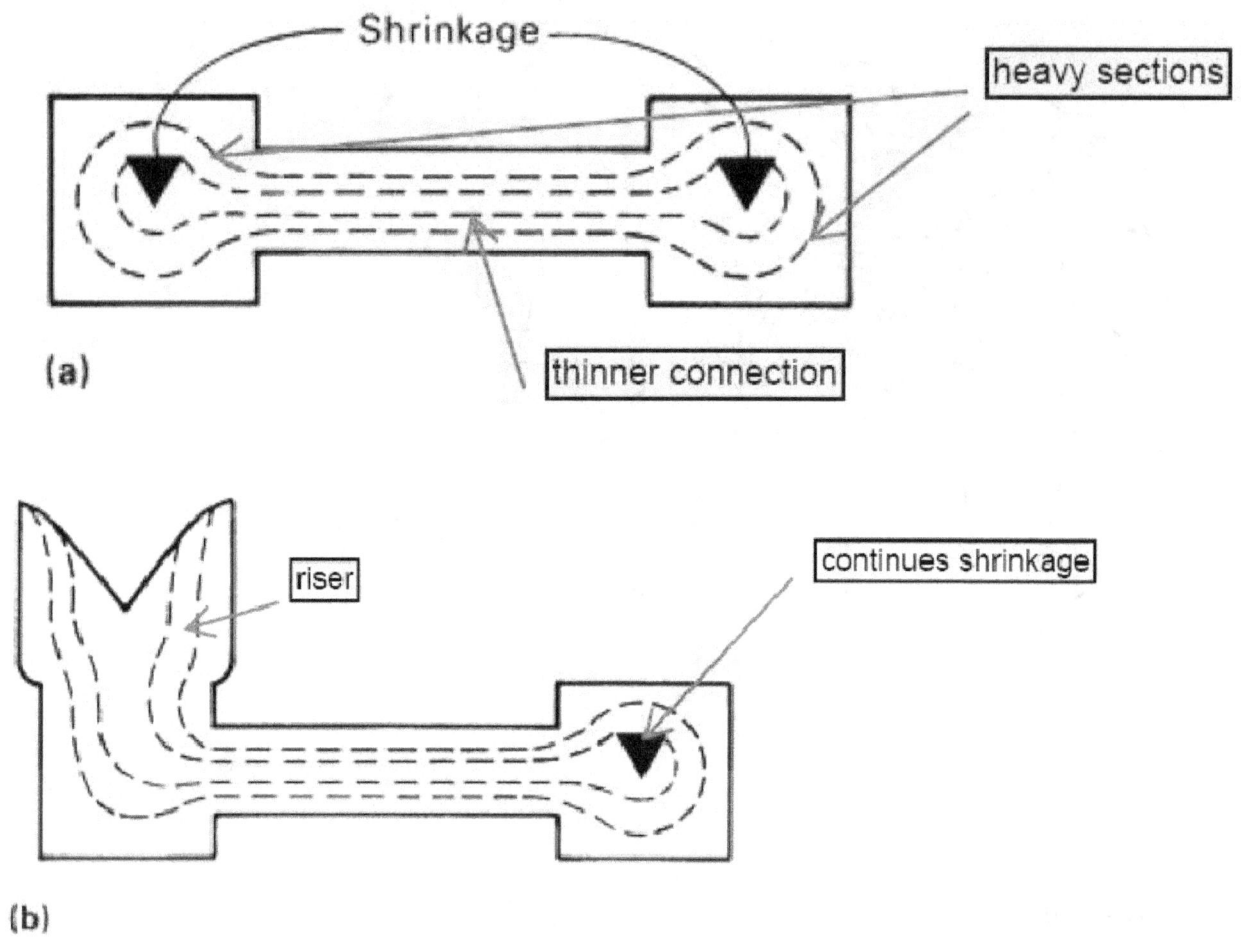

Una solución sencilla es usar riser en ambos lados (fig 16 c). Dos caminos de alimentación son establecidos, desde el centro de la sección hacia afuera, a los risers.

Vamos a ver dos métodos alternativos en los cuales se establece un único camino de alimentación. En la figura 16 d, un enfriador se aplica a una sección aislada para reducir su tiempo de solidificación. En la figura 16 e, el tiempo de solidificación de la conexión se extiende aplicando un aislante o un camino exotérmico hacia las paredes del casting.

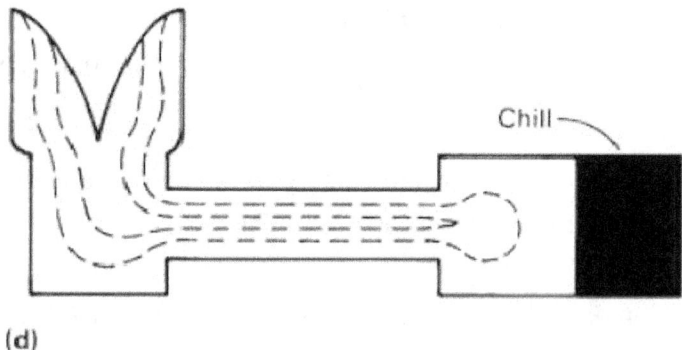

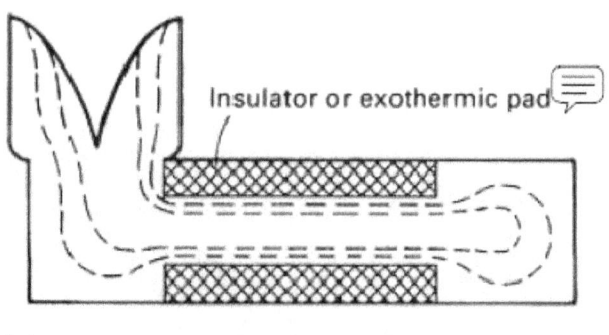

AsmMetalshandbookvol 15. Casting p.1264 fig.16

así no se enfría tan rápido y no "aísla" de la heaviersection de la derecha, porque si no, al tener sección más estrecha, se enfriaría antes y se aislaría la llegada de material fundido a la parte derecha

Cálculo de las dimensiones de la mazarota por el método NRL (Naval ResearchLaboratory)

El método se explica en la figura 17 para un ejemplo de un plato de 20 pulgadas cuadrado por 2 pulgadas de espesor.

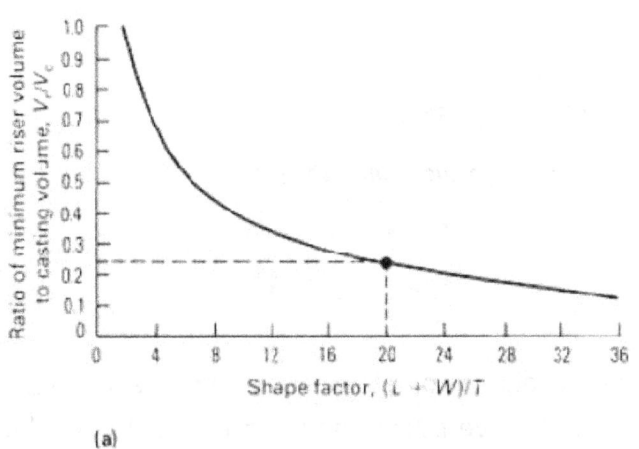
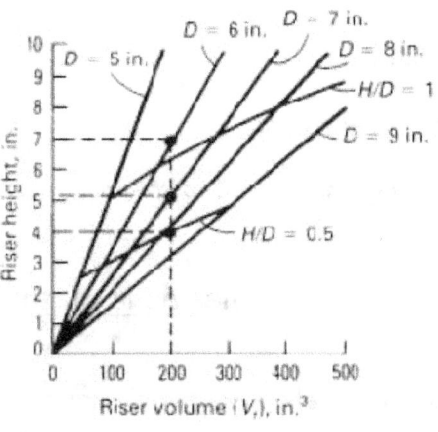
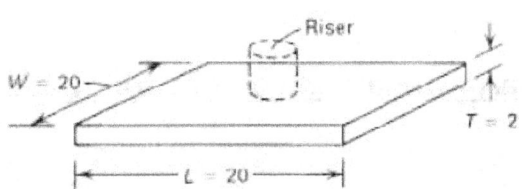

AsmMetalshandbookvol 15. Casting p.1265 fig.17

El cálculo es el siguiente: en la figura 17 a, después de calcular el factor de forma, se obtiene por la gráfica el factor V_r/V_c (siendo V_r el volumen del riser, y V_c el volumen del casting. El el caso del ejemplo obtendríamos una relación V_r/V_c de 0,25, lo cual significa que el riser ha de tener al menos un cuarto de volumen. Para concretar un poco más podeos ir a la gráfica de la figura 17 b, mostrando varias combinaciones de relación altura a diámetro para satisfacer esta relación.

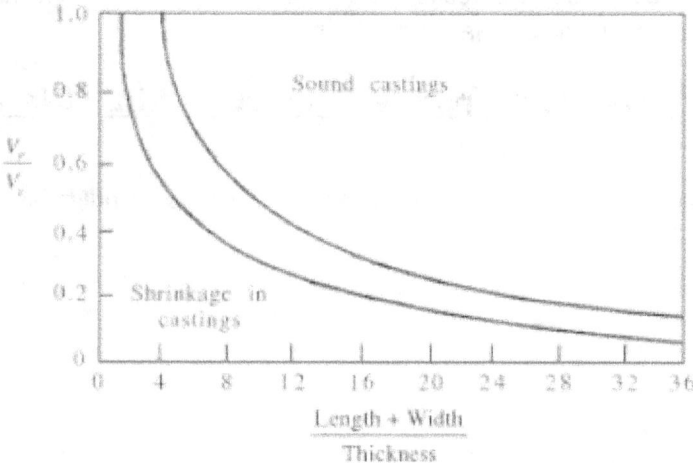

Casting technology and cast alloys. A.K. Chakrabarti. Prentice Hall of India. Pág. 64 fig.4.20

Esta es una gráfica similar a la fig. 17 pero la zona "soundcasting" se refiere a que es un casting ok y la otra zona es que aparecen cavidades.

Cálculo de las dimensiones de la mazarota por el inscribedcirclemethod

Este método obtiene el diámetro del riser multiplicando el diámetro del círculo más grande que puede ser inscrito (*hot spot*) a ser alimentado por un factor arbitrario que puede variar desde 1,5 a 3, es decir, el diámetro del riser sería de 1,5 a 3 veces el diámetro del hot spot.

A pesar de que este método es muy empírico, es muy usado, debido a su simplicidad.

Cálculo de las dimensiones de la mazarota a partir de la regla de Chvorinov (tiempo de llenado)

El método más usado hoy en día, sobre todo porque los cálculos de programas informáticos se basan en él, el basado en la regla de Chvorinov, la cual establece que el tiempo de enfriamiento, *t*, de una forma fundida está dado por

$t = k(V/A)^2$ ec 1

Donde V y A son el volumen y la superficie de la figura a fundir, y k es una constante proporcional cuyo valor depende de las propiedades térmicas del metal y del molde.

Por simplicidad, el término (V/A) en la ecuación de Chvorinov es sustituido por el símbolo *m*, un valor referido como *módulo de forma*. De esta manera, la ecuación de arriba queda más sencilla:

$t = k \cdot M^2$ ec2

Nota: la mejor relación V/A (mínima) es en las esferas, y después en los cilindros, pero al ser difícil –caro– construir en forma de esferas, los risers suelen ser cilíndricos.

Por ejemplo, una esfera de un determinado volumen se enfría más despacio que un plato fino del mismo volumen porque el plato tiene mucha más área superficial para transmitir la misma cantidad de calor al molde.

Para que el riser sea efectivo en la alimentación, su tiempo de solidificación, t_R, debe ser más grande que el tiempo de solidificación para el casting, t_C.

$$\frac{t_R}{t_C} = \frac{kM_R^2}{kM_C^2} = F^2 \text{ o } M_R^2 = F^2 M_C^2$$

Más simplificado

$$M_R = FM_C$$

Esto significa que el módulo de riser, M_R, debe ser más grande que el módulo del casting, M_C, en un factor F.

La experiencia nos muestra que el valor de F depende del metal usado. Un valor de 1.3, por ejemplo, se prefiere para las aleaciones en base de cobre con corto grado de solidificación. Entonces, la ecuación que emplearemos en este caso sería

(ejemplo sólo válido para aleaciones de cobre)

$$M_R = 1.3 M_C$$

La ecuación anterior nos indica que el riser ha de enfriar más lentamente que el casting. El otro requerimiento del casting es que debe tener suficiente volumen para proveer la necesaria cantidad de metal fundido a la sección a la cual está unido. Dichos valores pueden ser calculados, pero mucho más rápido es recurrir a tablas como la tabla 6 en la cual se indican los mínimos valores para el ratio entre el volumen del riser y del casting para asegurar que el riser puede suministra la necesaria cantidad de fundido al casting. Se muestran 5 clases de castings, desde *"verychunky"* a *"rangy"* para aproximar la forma del fundido. Notar que los risers con ratio H/D (altura a diámetro) de 1:1 son más eficientes que cuando H/D es de 2:1. Además, y más importante, los risers con aislante, son de lejos más eficientes que aquellos sobre el molde de arena.

Nota: en la gran mayoría de los casos, 1.2 suele ser más que suficiente, es decir,

$$\boxed{M_R = 1{,}2 M_C}$$

Table 6 Minimum volume requirements of risers

Type of casting	Minimum V_R/V_C, %			
	Insulated risers		Sand risers	
	$H/D = 1:1$	$H/D = 2:1$	$H/D = 1.1$	$H/D = 2.1$
Very chunky; cubes, and so on; dimensions in ratio 1:1.33:2[a]	32	40	140	198
Chunky; dimensions in ratio 1:2:4[a]	26	32	106	140
Average; dimensions in ratio 1:3:9[a]	19	22	58	75
Fairly rangy; dimensions in ratio 1:10:10[a]	13	15	30	38
Rangy; dimensions in ratio 1:15:30 or larger[a]	8	9	12	14

Source: Ref 2

(a) Ratio of thickness:width:length.

AsmMetalshandbookvol 15. Casting p.1724,1725 table 6

Dimensiones del cuello del riser: El cuello del riser debería de ser dimensionado de forma que solidifique después del casting pero justo antes que el riser. Mediante este arreglo, la cavidad por encogimiento se situará completamente dentro del riser, siendo ésta la última parte de la combinación riser-casting en solidificar.

Como antes, se podría calcula, pero hay tablas con recomendaciones (aunque menos precisas que en el cálculo)

Table 7 Riser neck dimensions — sólo válido para aleaciones de cobre

Type of riser	Length, L_N	Cross section
General side	Short as feasible, not over $D/2$	Round. $D_N = 1.2 L_N + 0.1D$
Plate side	Short as feasible, not over $D/3$	Rectangular, $H_N = 0.6$ to $0.8T$ as neck length increases. $W_N = 2.5 L_N + 0.18D$
Top	Short as feasible, not over $D/2$	Round. $D_N = L_N + 0.2D$

Source: Ref 6

(a) L_N, D_N, H_N, W_N: length, diameter, height, and width of riser neck, respectively. D, diameter of riser. T, thickness of plate casting.

AsmMetalshandbookvol 15. P. 1725 table 7

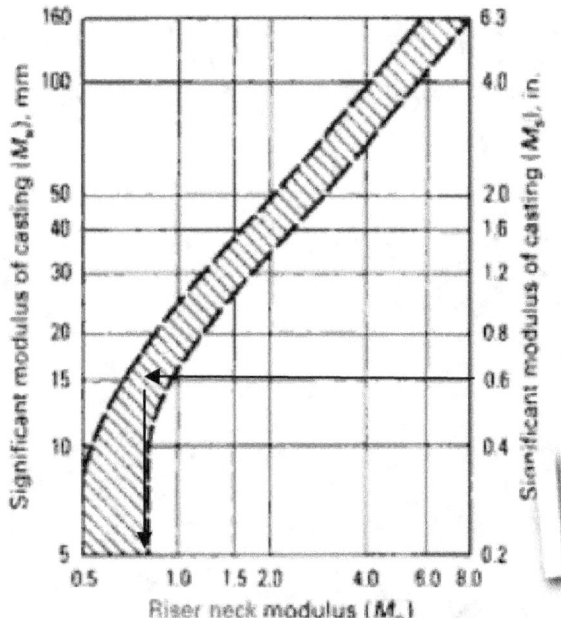

Fig. 15 A system for calculating riser dimensions. M_C, volume/effective cooling surface of largest section of castings; M_n, circumference of riser neck/cross section area of riser neck. Modulus of riser = 1.2 M_C. Source: Ref 20

Cast Irons Joseph R. Davis, ASM International. HandbookCommittee, pág.145. ASM International fig.15

Como vemos el módulo del riserneck hade ser ligeramente superior al del casting,(*ver flechas*) para que solidifique justo después que la pieza a la que nutre (hot spot), pero antes que el riser.

Hot topping: Sobre el 25% al 50% del calor total de una mazarota de aleación en base de cobre es perdido por la exposición de la superficie por radiación. Para minimizar esta pérdida por radiación y por tanto incrementar la eficiencia de la mazarota, algún tipo de recubrimiento (cubierta, tapa) debería ser usado en la superficie de arriba. Incluso arena seca es mejor que no colocar nada en absoluto.

(poner un aislante para eliminar las pérdidas de calor por radiación en la mazarota.)

Nota: un señor, Wlodawer, que nos simplificó este método a base ya de formas específicas de la mazarota con todas las dimensiones y su módulo:

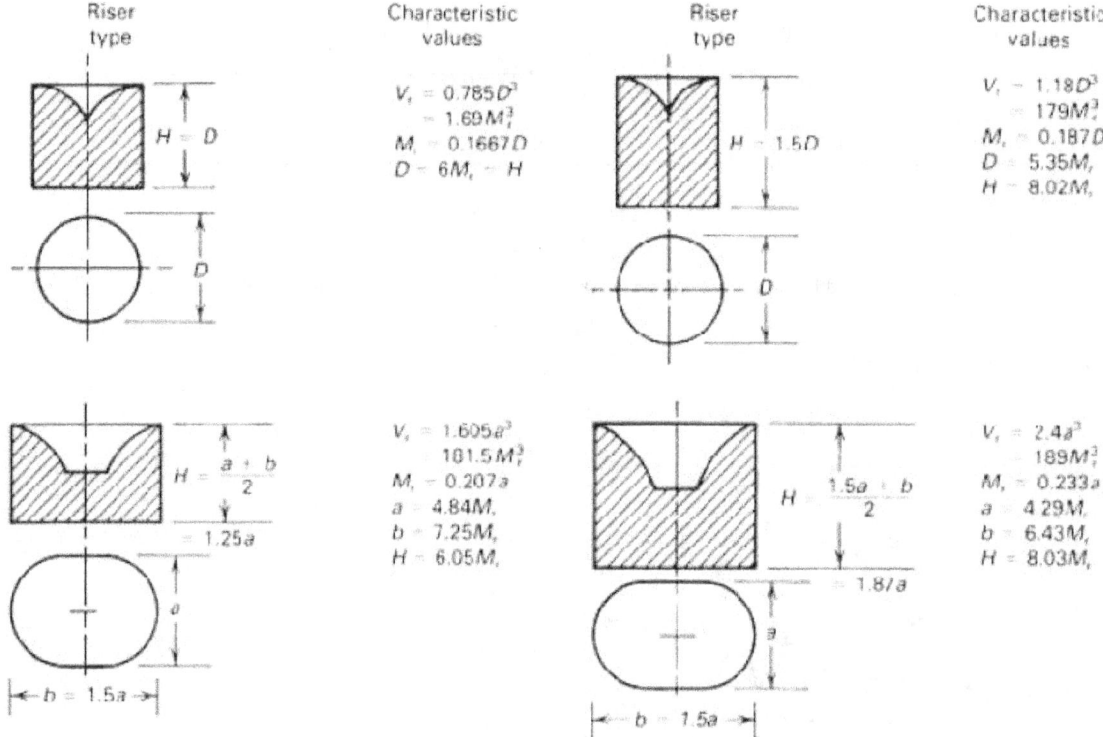

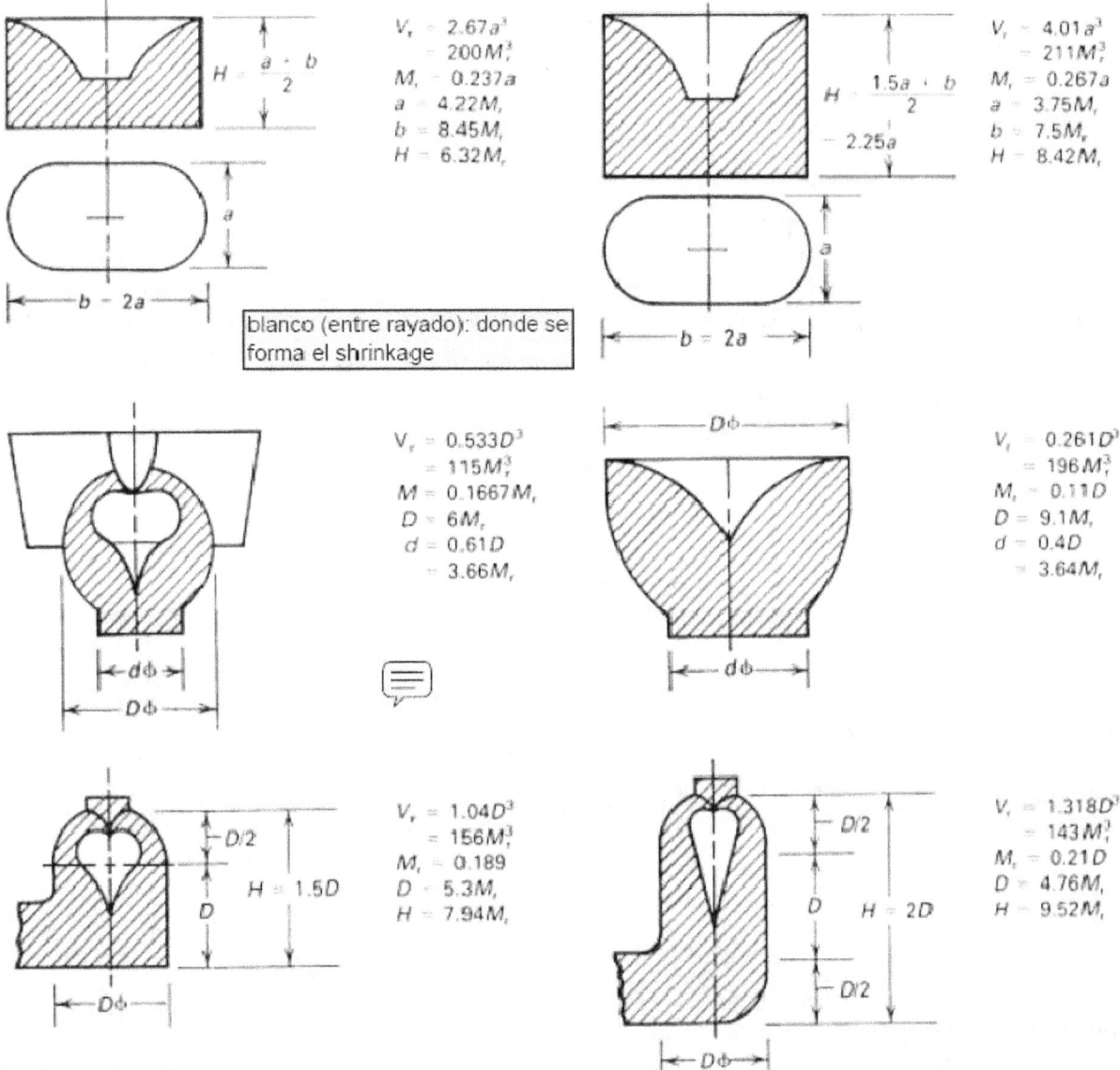

Fig. 21 Riser configurations and their characteristic values (M_r, V_r, D, H, and so on). Source: Ref 14

AsmMetalshandbookvol 15. Casting p.1270 fig.21

La mazarota debe permanecer fundida hasta después de que la fundición solidifique. Para satisfacer este requerimiento se puede calcular el tamaño de la mazarota usando la regla de Chvorinov. Vamos a entenderlo mejor mediante el siguiente ejemplo:

El objetivo es el diseño de una mazarota cilíndrica para un molde de fundición en arena. La fundición es una placa rectangular de acero con dimensiones 2pulgx4 pulgx2pulg. Se ha determinado mediante pruebas que el tiempo de solidificación total TST para dicha fundición es de 1.5 min. La mazarota cilíndrica tendrá una relación de diámetro a altura de 1.0. Determinar la dimensión de la mazarota de forma que TST=2 min.

Sol: determinar V/A para la pieza a fundir

$$V = 2x4x2 = 16\,pulg^3$$

$$A = 2(4X2 + 4X2 + 2X2) = 40\,pulg^2$$

Conocida esta relación y el tiempo de solidificación, puedo despegar de (ec1) $t = k(V/A)^2$ y obtener la constante del molde k

$$k = \frac{t}{(V/A)^2} = \frac{1.5}{(16/40)^2} = 9.375 \, min/pulg^2$$

Ahora debemos de diseñar la mazarota de modo que su tiempo de solidificación sea de 2 min y podemos utilizar la misma constante que acabamos de hallar, ya que depende de las propiedades térmicas del metal y del molde y estas son las mismas. Para una mazarota cilíndrica

$$V = \frac{\pi D^2 h}{4}$$

$$A = \pi D h + \frac{2\pi D^2}{4}$$

Ya que $D/h = 1 \to D = h$

Llevándolo a los valores de

$$V = \frac{\pi D^2 h}{4} = \frac{\pi D^3}{4}$$

y

$$A = \pi D^2 + \frac{2\pi D^2}{4} = 1.5\pi D^2$$

Sustituyendo dicho valor en $\frac{V}{A} = \frac{D}{6}$

Y llevándolo a la ecuación de Chorinov

$t = k(V/A)^2 \to 2 = 9.375(D/6)^2 \to D = 2.77 \, pulg$

Cálculo de las dimensiones de la mazarota por el método de Caine

Caine experimentó con piezas de fundición y obtuvo una curva como la mostrada en la figura 4.18 en donde la tasa de enfriamiento $X = \dfrac{(A_c/V_c)}{(A_r/V_r)}$ se representa en el eje x, y los volúmenes relativos de la mazarota y la pieza $Y = V_r/V_c$ (C=casting; r=riser) se representa en el eje Y. Él mostró que los puntos en la posición "A" de la curva indican castings propensos a defectos de encogimiento (shrinkage) y que los puntos situados en la parte "B" de la curva indican castings "completos" (sound), no propensos a defectos de encogimiento. La curva puede ser aproximada a la fórmula

$X = \frac{a}{y-b} + c$ (ecuación 1)

$$x = \frac{\left(\frac{\text{área superficial}}{\text{volumen}}\right)_{pieza}}{\left(\frac{\text{área superficial}}{\text{volumen}}\right)_{mazarota}} = \frac{\frac{A_C}{V_C}}{\frac{A_R}{V_R}}$$

Donde *a* es una constante característica de la solidificación, *b* es la contracción de solidificación líquido-sólido (que por supuesto depende de la temperatura de vaciado) y *c* es una medida de cualquier cambio en la velocidad relativa de enfriamiento entre la mazarota y la pieza. Si la pieza y la mazarota están en contacto con el mismo tipo de arena de moldeo, el calor se disipa a la misma velocidad y la constante es c=1.

De forma gráfica, esto sepresenta en la figura 46 donde se puede ver que la curva expresada por la ecuación 1 divide la gráfica en dos regiones, una sólida que corresponde a la pieza sana, y otra donde la pieza presenta rechupe y por lo tanto es defectuosa. Esta figura puede interpretarse como si la curva nos indicara que para un volumen dado de pieza, existe un tamaño mínimo requerido de mazarota, que representa la cantidad de metal requerida para alimentar el rechupe de solidificación.

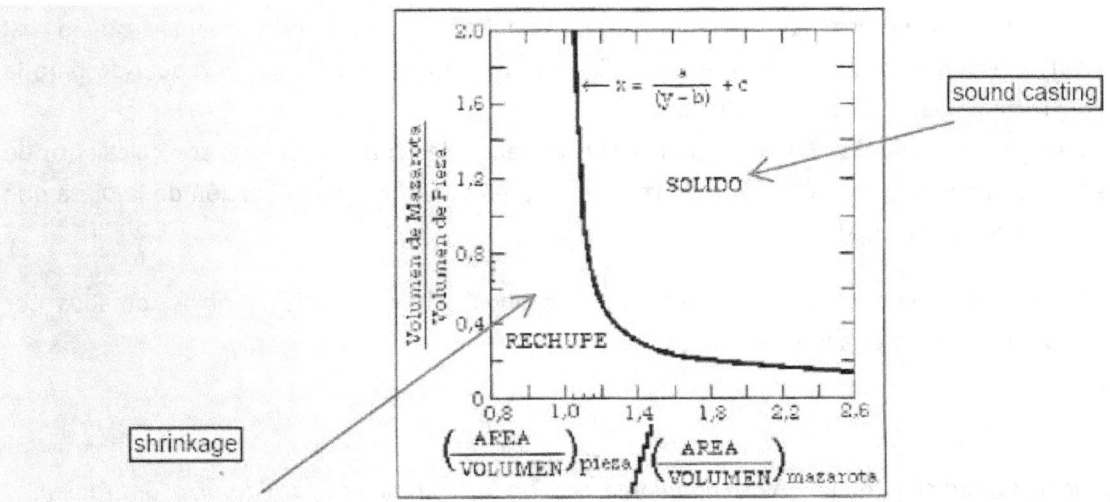

Figura V.46: Relaciones entre el volumen de la mazarota y el de la pieza en función de su geometría, de acuerdo con el Método de Caine

Principios de tecnología de fundición, Omar Quintero, ed. Equinoccio, p. 184. Fig. v.46

En el caso particular del acero, la curva es $x = \frac{0,12}{y-0,05} + 1$; es decir, que a=0,12; b=0,05 y c=1

Si la pieza es de forma irregular, es de esperarse que las mazarotas sean de diferentes tamaños.

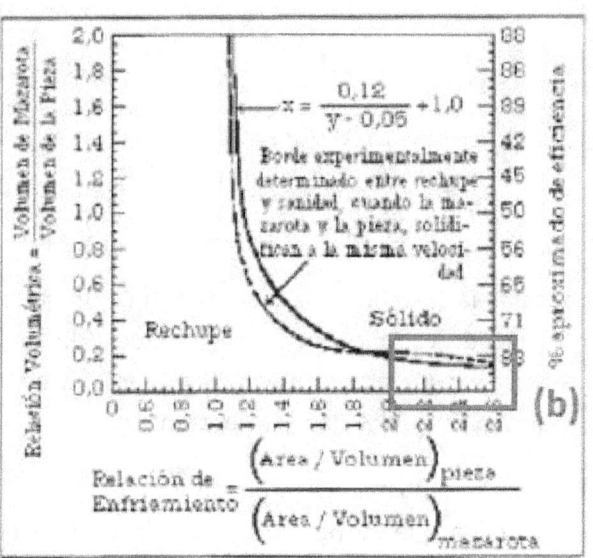

Figura V.47: Curva de Caine para mazarotas en acero 0,3 %C, constante c = 10

Principios de tecnología de fundición, Omar Quintero, ed. Equinoccio, p. 185. fig. v.47

Analizando las figuras 46 y 47 puedo sacar las siguientes conclusiones:
a) A medida que la relación volumen a área superficial en la pieza aumenta con respecto a la de la mazarota, el volumen requerido de la mazarota disminuye.
b) Para una pieza que posea un determinado volumen, hay un tamaño mínimo requerido de mazarota, lo cual está descrito por la región extrema de la derecha, indicando que la cantidad de metal requerido para la alimentación del rechupe de solidificación es mínima.

Para el caso de mazarotas múltiples, los correspondientes tamaños de cada una de ellas son calculados de manera separada, basándose en cada relación de volumen a área superficial de la porción de la pieza que se intente alimentar de metal líquido.

Notas: este método es un poco "pesado" pues requiere suponer unos valores iniciales y otros tomados por experimentación, y después proceder a una iteración larga.

Padding

Padding se puede considerar como el metal en exceso añadido al casting (pieza fundida) para desarrollar gradientes de temperatura para la solidificación direccional. (es decir, añado material, para solidificar en el orden en que me interese). El padding puede ser metálico o mediante el uso de un material exotérmico.

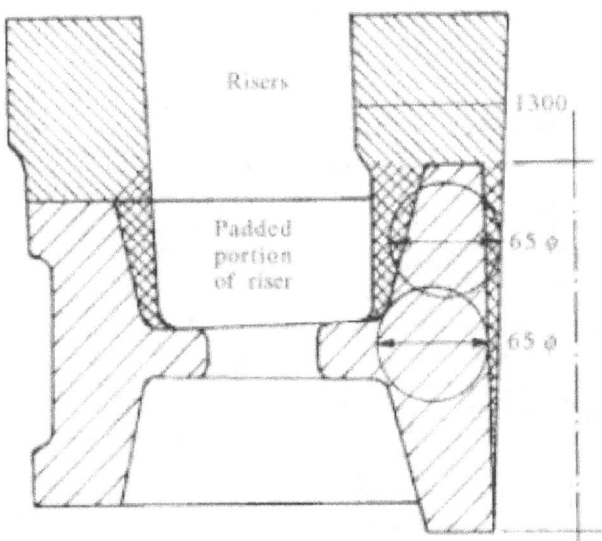

FIGURE 4.23(a) Crane wheel with padded portion [12].

Casting technology and cast alloys. A.K. Chakrabarti. Prentice Hall of India.Pág. 66fig.4.22

Material exotérmico: buen conductor, que desprende calor. (equivalente a poner metal)

Modificaciones de diseño y padding

En algunos casos el problema de alimentación (feeding) puede ser solucionado mediante una modificación del diseño en donde secciones delgadas son hechas más gruesas ose introduce la inclinación (biseladas, tapered) para suministrar canales de alimentación.

Si el padding no es incorporado como una modificación de diseño (variar la pieza final), aún podría ser incorporado para os propósitos de fundición y posteriormente retirados mediante corte, rectificado o maquinado. Esto, lógicamente añade costes a la producción final.

Un efecto similar al padding normal, podría ser desarrollado mediante padding indirecto, una técnica en la cual el metal fundido es alimentado a una posición adyacente a la sección crítica, retardando por tanto su enfriamiento.

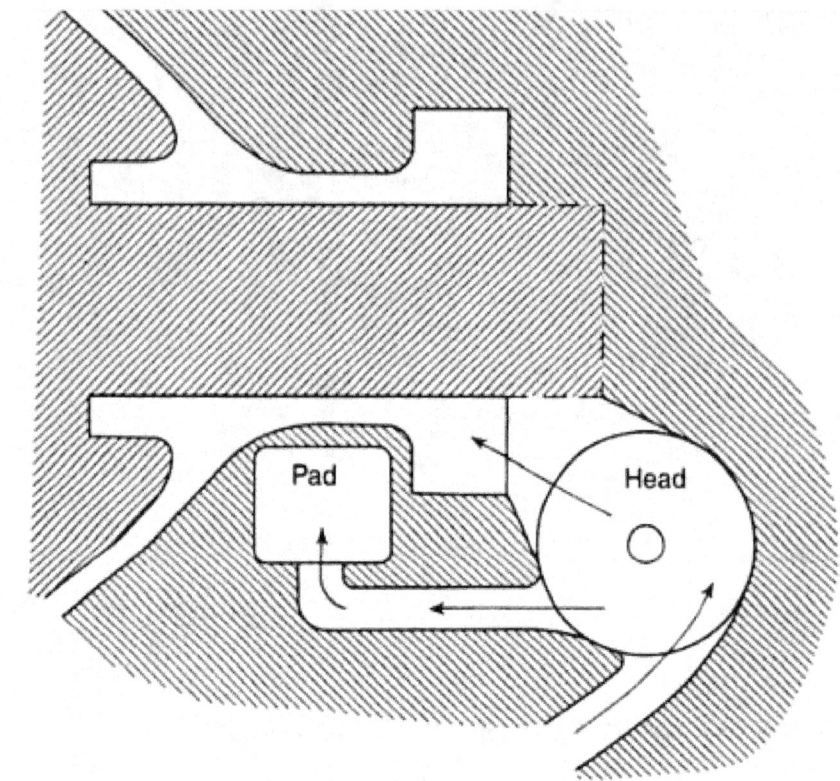

Figure 3.36 Use of indirect pad to promote feeding of heavy sections in valve body casting (after Daybell[85])

Foundry Technology, P. Beeley, 2nd edition, British Library p. 155 fig.3.36

Cunado, a pesar del uso de los remedios estándar, se produce encogimiento y la solidificación direccional no se consigue, el padding resulta útil a veces. El padding es simplemente metal extra añadido a la sección original del casting. Este metal extra, si no se desea (no es la geometría de la pieza final), puede ser finalmente quitada mediante maquinado.

 *ver la documentación referente al programa Feeder-calc, de Foseco*

BIBLIOGRAFÍA REAL

No he sacado un listado de libros de fundición y los he colocado para adornar el libro, realmente los he leído para preparar la materia.

Asm Metalshandbook vol 15. Casting ASM International

Steel castings handbook 6th edition ASM International

Asm Casting Design and performance ASM International

Cast Irons Joseph R. Davis, ASM International. Handbook Committee

Basic Metallurgy vol II Principles of Production Metallurgy for ferous castings AFS CMI Cast metals technology series

Basic Metallurgy vol I Principles of physical metallurgy for ferrous castings Clyde B. Jenni AFS CMI Cast metals technology series

Fundamental core technology castings AFS CMI Cast metals technology series

Fundamental molding sand technology cast metals technology series AFS CMI Cast metals technology series

basic principles of gating cast metals technology series AFS CMI Cast metals technology series

Principles of foundry technology P.L. Jain Tata Mc Graw Hill Education

Fundición de aceros moldeados Vicente Aldasoro Yarza, Martín Ibarra Murillo Universidad Pública de Navarra

tecnología mecánica y metrotecnia vol 1 de Jose María Lasheras editorial donostiarra Parte I conformación por moldeo

metrotécnia. Pedro Roca y Juan Rosique. editorial pirámide

Procesos de conformado por fundición: moldeo en arena. Universidad Pública de Navarra. Carmelo Javier Luis Pérez, Miguel José Ugalde Barabería, Ignacio Puertas Arbizu, Lucas Álvarez Vega (2ª edición aumentada)

Back to the basic: a green sand primer. Green Sand molding committee (4M)- American Foundrymen´s Society

Principios de fundición. B. Terry Aspin. Biblioteca Práctica de Taller GG/México

The complete handbook for sandcasting. C.W. Ammen. TAB Books (division of McGraw)

www.ingramcontent.com/pod-product-compliance
Lightning Source LLC
Chambersburg PA
CBHW081046170526
45158CB00006B/1871